4·Z
LE SENNE

AF385224

4° Z. Le Senne
2793

PLAN DE PARIS,

Réduit géométriquement jusqu'à Saint-Cloud, d'après MM. Verniquet, Architecte, et Lagrives, Ingénieur, s'étendant au-delà des limites de cette grande ville, nouvellement fixées;

AVEC

DÉTAILS HISTORIQUES DE SES AGRANDISSEMENS ET DE SES EMBELLISSEMENS, DEPUIS JULES-CÉSAR JUSQU'A CE JOUR;

PAR M. B. A. H. DEVERT, ARCHITECTE;

ACCOMPAGNÉ:

1.° Du Plan de Saint-Denis, lieu destiné à la sépulture des Princes français depuis plusieurs siècles;

2.° Du Plan ou Carte générale du canal de l'Ourq à Paris, conçu en 1520, renouvelé en 1590, et commencé en 1676, continué et partie confectionné en 1803 et années suivantes;

3.° D'un Plan de la Scie mécanique, avec laquelle les charpentiers scient ou recèpent maintenant les pilotis au fond de l'eau, sans bâtardeaux ni épuisemens dans les travaux hydrauliques, et au moyen de laquelle on économise un tiers dans les dépenses; d'après M. Perronet, premier Ingénieur de France;

4.° D'un Plan du premier Pont construit à Paris par ce procédé; le tout *gravé géométriquement et enluminé*, avec *échelle* de nouvelles et anciennes mesures. Tous ces objets sont suivis de leurs descriptions, ont été déposés à Paris, conformément aux lois, joint à plusieurs autres articles qui ont rapport à l'Art des constructions civiles, et travaux publics en général.

Nouvelle Edition. 

A PARIS,

CHEZ DEBRAY, LIBRAIRE, RUE BOURG-L'ABBÉ, N.° 21.

1819.

DÉTAILS

ET
ABRÉGÉ HISTORIQUE

SUR

LA FONDATION ET LES ACCROISSEMENS

DE

PARIS OU LUTÈCE,

Et sur les embellissemens, depuis Jules-César, 36 ans avant Jésus-Christ, jusqu'à Henri IV (1) :

Par M. B. A. H. DE VERT.

PARIS, la Cité, a toujours passé pour l'une des plus anciennes villes des Gaules ; et c'est principalement à sa haute antiquité que l'on doit attribuer l'obscurité de son origine.

Paris, dit-on, sans pareil, n'étoit dans son origine qu'une vaste forêt, traversée par la Seine, renfermant quatre îles, où est maintenant Notre-Dame-Saint-Louis et la Cité, habitée par des corbeaux, et où Lucus, avec une centaine de Gaulois, se réfugièrent l'an du monde 2208, ou 1790 avant Jésus-Christ.

Les auteurs varient sur l'étymologie des deux noms *Paris* ou *Lutèce*. Eusèbe croit que Paris est plus ancien que Rome ; d'autres, que le mot de *Paris* vient d'un mot grec, qui signifie *hardiesse* ou *liberté de parler*, et que ses habitans faisoient autrefois partie d'un grand peuple appelé *Sénonois*, 390 ans avant Jésus-Christ ; d'autres disent que Samothés, qui vivoit du temps de Noë, en jeta les premiers fondemens ; d'autres assurent que c'étoit un *Pâris*, dix-septième roi des Gaules et successeur de Romulus ; d'autres, enfin, observent que les marais qui étoient près de cette Cité, la rendoient boueuse, et lui firent donner le nom de *Lutetia*, du mot *lutum*, qui signifie boue, et non du roi Lucus, qui étoit très-illustre parmi les anciens Gaulois.

Paris ou Lutèce n'étoit d'abord qu'une île entourée par la Seine, contenant des baraques de pêcheurs, bâties en bois, roseaux, paille et terre, isolées les unes des autres, comme elles sont indiquées au premier plan ci-joint. Cette île, nommée la Cité de *Jules-César*, formoit la ville d'autrefois. Il y a maintenant l'île de Notre-Dame-Saint-Louis, qui ci-devant en faisoit deux ; l'une nommée l'Isle-aux-Vaches, que l'on a en partie réunie à celle de Notre-Dame ; enfin l'île Louvier, coté V, au plan *idem*, et qui sert maintenant d'entrepôt de bois à brûler.

---

(1) Toutes les parties lavées en rose sur le plan ci-joint, sont autant de nouvelles rues, places, boulevarts, ports et ponts exécutés, ainsi que deux ponts projetés, l'un vis-à-vis l'Hôtel-de-Ville, et l'autre vis-à-vis de la rue de Bièvre, aux endroits du plan cotés 7 et 8.

Première clôture de Paris ou Lutèce, faite sous Jules-César, 56 ans avant Jésus-Christ.

Fondation des temples de Montmartre, de Mercure, et autres édifices publics faits sous Saint Denis, premier Evêque des Gaules.

Vers l'an 3998, ou 56 ans avant J. C., les Gaulois ayant donné l'entrée de leur pays aux Romains, pour demander leur appui, ceux-ci en devinrent bientôt les maîtres, et firent la conquête de cette ville : *Camulogène* en étoit gouverneur. *Jules-César*, qui avoit conduit les Romains commandés par *Labiénus*, fit son séjour à Lutèce, et il la trouva si charmante, qu'il y transféra ses Etats-Généraux. Il ordonna aux habitans de rétablir leurs villes, qu'ils avoient brûlée avant de se rendre ; il fit faire la première clôture de *l'île de la Cité*, nommée *Lutèce*, renfermant alors 44 arpens (1) ; puis il la fit fortifier à l'endroit dit *le Petit-Châtelet*, proche le Pont-au-Change, et la nomma la *Cité de Jules-César*, où les Romains se maintinrent cinq cens ans.

En 182, Paris ne contenoit encore dans son enclos que l'île de la Cité ; on bâtit Saint-Etienne-des-Grès hors des murs de la ville ; le temple de Mercure, où est maintenant Saint-Germain-des-Prés, endroit considéré comme le premier palais royal destiné à la résidence des princes souverains, dans le milieu d'une prairie, maintenant faubourg Saint-Germain.

Saint Denis, premier Evêque des Gaules, fixa son siége en cette ville, et fit faire une église du temple de Mercure, où est maintenant *Saint-Germain-des-Prés* ; et une où est la cathédrale actuelle. Sa mort qui survint à la suite d'une persécution contre les Chrétiens, donna lieu à la construction de trois autres églises, qui furent Saint-Denis-de-la-Chartre, Saint-Denis-du-Pas et Saint-Denis-de-Montmartre : la première, près le pont Notre-Dame, passe pour une des plus anciennes ; en 1789, on voyoit encore sur la porte de la chapelle basse de cette même église, ces vers ainsi transcrits :

En l'an soixante-six de salut et de grace,
A Saint-Denis, prison, fut cette obscure place (2).

En 208, Saint André a fondé la chapelle de l'église de ce nom, dite *des Arcs*, ainsi nommée à cause de plusieurs anciennes arcades d'un vieux bâtiment qui a subsisté long-temps proche ce lieu, et d'un jardin où les écoliers alloient tirer de l'arc ; cette chapelle fut dédiée à Saint Andéol, disciple de Saint Polycarpe, qui l'étoit de Saint Jean l'évangéliste, ayant souffert le martyre et la mort, cette même année, dans le Vivarais, au bourg nommé encore *Saint-Andéol*.

En 287, les Français avoient déjà formé plusieurs établissemens dans les Gaules ; ils furent confirmés par l'empereur Julien l'apostat.

---

(1) L'arpent de Paris est de 100 perches, chacune de 18 pieds carrés, et l'hectare contient environ 2 arpens ; la toise courante est de 6 pieds de 12 pouces chaque.

Le mètre *idem* est de 3 pieds 11 lignes.

La toise cube est de 6 pieds en tous sens, autrement bloc à 6 faces, de 6 pieds carrés chacune, qui produit 216 pieds cube aussi carrés. Le pied cube contient 1728 pouces aussi carrés. Le mètre cube est de 91 pieds *idem* un tiers cube. La toise superficielle, dite aussi carrée, a 36 pieds, et le pied 144 pouces. Le mètre carré ou superficiel contient 27 pieds *idem* un-sixième ; enfin un pied cube d'or massif, carré, pèse le poids de 1,300 livres, et en argent 900 livres, ou 600 et 410 kylogrammes environ.

(2) Avant 1789, il existoit à Saint-Denis, petite ville de quatre mille ames de population, à deux lieues au nord de Paris, dont le plan est ci-joint, une riche abbaye de Génovélains, avec une belle église consacrée à la sépulture des princes Français, et que les circonstances de la révolution avoient détruite en 1792 ; rétablie et considérablement embellie sous Napoléon Bonaparte et le ministre des cultes, Portalis, en 1806 et années suivantes, avec un nouveau chapitre composé de dix anciens évêques qui ont le même traitement. L'église de Saint-Denis-de-la-Chartre, ci-dessus citée, a été démolie et supprimée en 1808 ; on passe maintenant le quai qui conduit du pont de Notre-Dame à celui de la Cité.

Deuxième clôture et accroissemens de Paris, faits sous Julien l'Apostat, Pharamond, Clovis et autres princes souverains qui leur ont succédé.

En 358, Julien fut proclamé empereur de Paris ; il s'y fixa et fit terminer une deuxième clôture renfermant 113 arpens ; puis il fit construire un palais, une place publique et des bains. Plusieurs habitans commencèrent à bâtir des maisons hors de la cité. Les Parisiens avoient leurs temples hors de la ville : un à *Saint-Germain-des-Prés*, un dédié à Mars, où est *Montmartre* ; et un autre à *Isis*. On voit encore à l'hôtel Clugny, rues de la Harpe et Mathurin-Saint-Jacques, des ruines d'un ancien palais que cet empereur avoit fait bâtir, dit *la maison des Thermes*, qui passe pour être une des plus anciennes de cette cité, et que Clovis I. a habité.

En 375 et années suivantes, on bâtit dans la cité une église sous l'invocation de la *S.te-Vierge*, de *S.t-Etienne* et de *S.t-Denis*. Les commerçans, dits *mariniers*, avoient déjà érigé une chapelle à cet endroit, dédiée à *Jupiter*, sous l'empire de *Tibère :* ce qui assure cette antiquité, c'est qu'au mois de mars 1711, on a trouvé, en creusant sous le chœur de Notre-Dame, pour faire un caveau de sépulture des archevêques, plusieurs pierres sur lesquelles étoient gravées et sculptées diverses inscriptions qui ont terminé l'opinion de ces antiquités, et sur l'existence d'un autel élevé sous le règne de *Tibère*, à *Esus*, à *Jupiter*, à *Vulcain*, à *Castor* et à *Pollux*, par une compagnie de commerçans par eau.

En 420, suivant plusieurs historiens, *Marchomire* vint à Paris avec son fils *Pharamond* ; ils chassèrent les Romains, et conquirent les Gaules qu'ils nommèrent *la France : Pharamond*, porté sur un bouclier, fut proclamé roi ; d'autres disent qu'en 458, *Childéric IV*, roi de France, père de *Clovis*, vint aussi à Paris ; et qu'à cette époque, le simulacre de la Divinité étoit la tête d'un bœuf, et que l'origine des *fleurs de lis* date aussi de cette époque, vu que tous ces objets furent trouvés, dit-on, en 1658, avec les restes d'un tombeau de ces princes, dans une fouille faite proche l'église de la ville de *Tournai*, sur l'Escaut, où il paroît que ce prince a résidé.

Paris pris par les Français, et choisi pour capitale.

Vers l'an 486, sous Clovis I, les Français firent la conquête de Paris, contre les Romains. Clovis choisit cette ville pour sa résidence.

En 508, il lui donna le titre de capitale ; en 509, il fonda l'église de Sainte Geneviève, que Saint Remi, archevêque de Reims, dédia à Saint Pierre et Saint Paul, en place d'un oratoire que les fidèles avoient élevé sur la sépulture de cette Sainte, morte cette même année. Il fit aussi bâtir près de cette église, un palais qu'il habita, ainsi que plusieurs autres princes qui lui ont succédé. Le pape Eugène IV y a résidé ; c'est là que les officiers de ce pontife eurent une querelle à mort avec les chanoines, pour un tapis brodé en or, que ces derniers vouloient s'approprier, et que Sa Sainteté avoit reçu du roi. Sa majesté étant allée pour apaiser ce tumulte, pensa y être blessée : les chanoines furent chassés, et le monastère (1) fut confié à M. Suger, abbé de Saint-Denis.

En 511 et années suivantes, sous les rois Childebert I., Clotaire I., Clotaire II, Dagobert I. et Clovis III, on a bâti Saint-Germain-l'Auxerrois, Saint-Germain-des-Prés, Saint-Paul, le cimetière de Sainte-Aure, nom d'une abbaye fondée par Saint Eloi, pour 300 religieuses, où sont maintenant les bâtimens des Barnabites dans la cité, l'abbaye Saint-Laurent, l'hospice Saint-Josse et la chapelle de Saint-Médéric, dédiée à Saint Pierre. On a rebâti, sous l'invocation de la

---

(1) Qui jouissoit avant 1789 de plus de cent mille francs de revenus, avec un enclos de plus de 13 arpens attenant à leur monastère.

Sainte Vierge, la cathédrale actuelle, qui, jusqu'à cette époque, avoit été sous celle de Saint Denis.

En 558 et années suivantes, on fonda la chapelle de Saint-Gervais, on établit la sépulture des rois de la première race à Saint-Germain-des-Prés, où Childebert I fut enterré, cette même année, comme fondateur, ainsi que Saint Germain, évêque de Paris, en 576, et la reine *Frédégonde*, en 601 ; époque à laquelle ce lieu a pris le nom de *Saint-Germain*, en place de celui de *Saint-Vincent*, qui avoit apporté des reliques de Saragosse : ces lieux étoient également le Chapitre métropolitain de Paris, où étoit une chapelle nommée la petite église de Notre-Dame, bâtie sur le dessin de *P. Montreau*, architecte ; plusieurs évêques, même des rois, y ont résidé, dans un palais qu'ils avoient fait bâtir proche cet endroit nommé *Isy*.

En 650, la partie du nord de Paris n'étoit encore que des bois et marais, dont ceux de Boulogne et de Vincennes faisoient partie, et que l'on appeloit dans ces temps-là, *la forêt des Charbonniers*.

En 693 et années suivantes, on bâtit l'église de Saint-Médéric, où étoit déjà une chapelle dédiée à Saint Pierre, déjà citée, dans laquelle Saint Médéric, abbé de Saint-Martin d'Autun, fut enterré. En 757, on institua le parlement.

En 800 et années suivantes, on bâtit Saint-Marcel, fondé par *Roland*, comte de *Blaye*, neveu de Charlemagne. Les Normands attaquèrent cette ville, sous le règne de *Charles II*, dit *le Gros*. Marguerite de Lorraine fonda les Filles du Saint Sacrement, faubourg Saint-Germain.

En 845 et années suivantes, on fonda le monastère des Filles de Sainte-Opportune, que *Louis de Germanie* dota de terres, marais, bois et prés, dont l'étendue, dit-on, étoit depuis la Bastille, proche l'arsenal, jusqu'à Chaillot, et que les chefs de ce monastère ont donné ensuite à rente, pour y bâtir et les faire valoir. On établit le monastère des Filles Hospitalières de Sainte-Catherine, rue Saint-Denis, destiné à loger une nuit les pauvres filles qui étoient sans condition, et qui venoient en pélerinage à Sainte Opportune (1).

En 885, les Normands firent le siége de Paris ; et presque toute la ville fut incendiée, ainsi que l'abbaye de Saint-Germain-des-Prés ; plusieurs édifices publics furent détruits.

En 889, *Eudes I.*, comte de Paris, fils de Robert-le-Fort, fut proclamé *roi de France*, dans une assemblée qui eut lieu à Compiègne : il fut sacré et couronné à Sens par l'archevêque *Gauthier*, au préjudice de *Charles-le-Simple* : l'année suivante, il battit les Normands, et les chassa, après une bataille mémorable qu'il gagna au nord de Paris, près Montfaucon. On fonda la chapelle Saint-Jean-en-Grève (2) ; on releva le sol de la Cité, au point qu'il y avoit douze marches à descendre à *Notre-Dame*, que l'on fut également obligé de relever ; on bâtit les Chartreux, sur le dessin de *Bruné*, célèbre architecte (3) ; on fonda la première confrairie de Notre-Dame ; on érigea en paroisses Saint-Pierre-des-Arcis et Saint-Germain-le-vieux. Le pape *Alexandre* vint à Paris, et posa la première pierre de la nef de Notre-Dame actuelle.

En 945 et années suivantes, *Hugues-le-Blanc*, comte de Paris, fonda le palais de la Cité, nommé à cette époque *Palais-Royal*, ensuite *des Marchands*, et maintenant *de Justice* (4), où plusieurs princes ont résidé.

En 987 et années suivantes, sous les rois *Hugues Capet*, *Robert-le-Dévot*, *Henri I.*, *Philippe I.* et *Louis VI*, dit *le Gros*, on bâtit Saint-Etienne-du-Mont, Saint-Nicolas-des-Champs, l'abbaye de Saint-Martin, rue de ce nom,

---

(1) Sainte-Opportune, place de ce nom, a été démolie et supprimée en 1792 ; plusieurs maisons ont été bâties sur son emplacement situé au milieu de Paris.

(2) Démolie et supprimée en 1793 ; l'emplacement réuni à l'Hôtel-de-Ville.

(3) Démolis *idem*, et l'emplacement, partie réuni au jardin du palais du Luxembourg.

(4) C'est à cet endroit (coté A), que siégent depuis 1795 toutes les Cours judiciaires.

contenant en superficie un enclos de 14 arpens, qui étoit fortifié ; et où le roi *Robert*, fils de *Hugues Capet*, a résidé. *Henri I.* y a établi une communauté de chanoines réguliers, donnée ensuite à l'ordre de Clugny, avec des bâtimens considérables, construits sur le dessin de *Montreau*. On a aussi bâti l'église *basse* du palais de la Cité, et une partie de la cathédrale.

LE TEMPLE.

En 1118, on créa l'ordre des Templiers, qui firent construire le Temple, en place d'un édifice qui existoit déjà au même endroit, et qui avoit été d'abord destiné pour un arsenal situé rue du Temple, près du boulevart de ce nom, à l'endroit coté *SS*, au plan de Paris ci-joint, à côté du grand prieuré (1) de l'ordre de Malthe ; charge qui fut donnée à la fin du dix-huitième siècle, à *Louis-Antoine*, duc d'Angoulême, fils aîné de Charles-Philippe de France, comte d'Artois.

Le Temple a appartenu aux chevaliers templiers de Jérusalem jusqu'en 1304, que Philippe IV, dit *le Bel*, de concert avec le pape Clément V, leur tenta ce fameux procès, par lequel ils firent condamner à être brûlé vif, sur la place de Grève, à Paris, les années suivantes, comme accusé de crime et de débauche scandaleuse.

Plusieurs historiens assurent qu'en 1312, *Jacques de Malay*, leur grand-maître, étant à la pointe de l'isle du Palais, où est maintenant la statue de *Henri IV*, prêt à être décapité, ajourna le pape et le roi à comparoître devant Dieu dans l'an.

Que cette assertion soit vraie, ou non, la vérité est que le pape mourut quarante jours après, et que le roi ne passa pas l'année (2).

Le Temple a été ensuite cédé aux Chevaliers Hospitaliers de Saint-Jean-de-Jérusalem, qui l'ont aussi habité ; il a, depuis ce temps-là, fait partie des domaines du Gouvernement : plusieurs rois de France y ont demeuré, ainsi que le duc de Vendôme, avec son frère, le grand-prieur de France, tous deux petits-fils d'*Henri IV*.

Le Temple formoit, avant 1789, un enclos de dix arpens, ou environ ; il étoit entouré de fortes et hautes murailles, que les officiers municipaux ont encore fait élever en 1792, lorsque Louis XVI et sa famille y furent détenus. Ce lieu étoit autrefois privilégié ; il y avoit un bailliage, une église paroissiale et un grand nombre d'ouvriers de tous états et de professions, qui résidoient dans son enclos ; ceux qui étoient menacés de prise de corps pour dettes, pouvoient s'y retirer, et, par ce moyen, se soustraire aux poursuites de saisies et d'arrêts, vu qu'aucuns des habitans de ce lieu n'y pouvoient être pris comme prisonniers, sans lettres de cachet et une permission du grand-maître. Enfin, tous ces droits et priviléges ayant été abolis depuis 1789, ces formules de garanties de prison et saisies n'existent plus. On a aussi, en 1810, sous *Napoléon Bonaparte*, supprimé et démoli une grande partie du bâtiment du lieu, en place duquel on a formé plusieurs nouvelles rues et un superbe *marché* couvert ; ce qui a considérablement embelli et fructifié la valeur de toutes les propriétés des environs, ainsi que de son commerce en général.

Le palais du Temple a été par conséquent réduit, et le reste de son enclos avec ses bâtimens, réuni à celui du grand-prieuré, ci-dessus cité ; que l'on a rétabli avec beaucoup de changemens les années suivantes, où on a fait planter le jardin à neuf, ainsi que les ravalemens et les dispositions nécessaires pour servir au bureau du ministre des cultes, que l'on y a établi en 1813.

(1) Bâti sur le dessin de Listé, célèbre architecte.
(2) M. Raynouard, membre de l'institut, a publié à ce sujet un monument historique, au mois d'août 1813, aussi curieux qu'intéressant, qui se trouve à Paris, chez Batilliot, rue du Battoir, pour 7 francs, n.º 13, et où il paroit assurer l'innocence des Templiers.

En 1134 et années suivantes ; on bâtit l'abbaye Montmartre , à l'endroit figuré aux premier et deuxième plans de Paris, ci-joints; nommée le *Temple de Mars*, que les Anciens appeloient *Mont-Martyre*; sous Louis VIII, on bâtit la chapelle de Saint-Marceau, Saint-Hyppolite, Saint-Jean-de-Latran et la rue du Parvis-Notre-Dame ; par ordre de Sully, évêque, on érigea Saint-Laurent en paroisse ; on bâtit le monastère du Petit-Saint-Antoine, rue de ce nom , celui de Sainte-Geneviève, qui avoit été incendié au neuvième siècle, par les Normands, où étoit une belle bibliothèque, avec plus de neuf cens manuscrits, qui avoient plus de mille ans d'ancienneté; on bâtit aussi Saint-Victor (1), abbaye fondée par Louis-le-Gros.

Troisième clôture. Premier pavage de la ville. Fondation du Louvre , de la bibliothèque , et autres édifices publics , faits sous Philippe-Auguste , et autres princes souverains qui lui ont succédé.

En 1190 et années suivantes , on forma une troisième clôture de Paris , qui renferma 787 arpens. On ordonna aux bourgeois de faire paver devant leurs propriétés. M. Girard , riche financier du roi, donna pour cet objet, en pur don , comme restitution, onze mille marcs d'argent, somme extraordinaire en ce temps-là.

A cette époque, les Juifs occupoient une partie de la Cité, telle que la rue aux Juifs , qui existe encore aujourd'hui , et l'Isle-aux-Juifs, qui étoit en ce temps-là une petite île, que l'on considéroit comme faisant partie de la Cité, où est maintenant la statue d'Henri IV , avec les moulins aux Juifs. On commença à bâtir Saint-Gervais , à l'endroit coté Q, et la fameuse abbaye des Filles-Saint-Antoine-des-Champs, faubourg de ce nom, où le roi Saint Louis , avec sa mère, la Reine-Blanche de Castille, assista à la dédicace. C'étoit dans cette maison qu'étoient reçus les prélats qui faisoient leur entrée dans Paris. Robert , comte de Dreux, fonda l'église des Doyens, maintenant Saint-Thomas-du-Louvre. L'abbaye Saint-Germain fut incendiée par les Normands, et fut rebâtie par Étienne IV , abbé ; on forma le cimetière des Innocens, à l'endroit coté R, seul cimetière en ce temps-là pour tout Paris ; on fonda Saint-Jacques-de-la-Boucherie ; l'hôpital de la Trinité, rue Saint-Denis , destiné à donner asile et secours aux voyageurs , arrivant trop tard , ou ne sachant où trouver gîte en cette ville, à qui le duc de Bourgogne donna son hôtel, à charge d'en faire un théâtre pour la représentation des tragédies ou pièces de dévotion ; on bâtit encore les Jacobins, nommés les *Frères-Prêcheurs* , près la rue Saint-Jacques.

En 1214 , on commença la fondation du Louvre , à l'endroit coté B, suivant les plans de MM. Jean Gougeon et l'abbé Clugny, célèbres architectes, tous deux parisiens, à qui on donna la préférence sur Sébastien Sorlio, italien, que l'on avoit fait venir exprès à Paris, pour cet objet; la Visitation de Sainte-Marie , sur le dessin de F. Mansard , architecte ; Saint-Eustache , coté N ; Saint-Sulpice, coté O ; Saint-Côme , les Jacobins, Saint-Jacques et les Cordeliers , rue du même nom (2).

En 1245 , on commença la Sainte-Chapelle du Palais, sur celle dite *Église basse* , dont il a été ci-dessus parlé, d'après le dessin de Montreau; on commença aussi à bâtir des maisons dans les champs du Chardonnet, de Sainte-Avoie, de Montmartre, de Saint-Paul, de Saint-Honoré , de Saint-Germain , de Saint-Jacques-du-Haut-Pas, les Billettes, Sainte-Croix-de-la-Bretonnerie, les Blancs-Manteaux , et de Saint-Victor.

---

(1) Vendue et démolie en 1793, où l'on a établi des chantiers de bois à brûler , près le jardin des Plantes.

(2) C'est dans l'église de ce lieu qu'a tenu en 1792 le fameux club dit des *Cordeliers*, démolie en 1808 ; où une place et une belle fontaine ont été établies en 1809.

En 1293 et années suivantes, sous Philippe-le-Bel, Philippe-le-Long et Philippe-de-Valois, on a commencé à bâtir Saint-Étienne-des-Grès, Saint-Symphorien, la maison royale des Gobelins, cotée E, que l'on assure avoir été fondée par Gilles des Gobelins, celui qui a introduit en France le secret de faire la plus belle écarlate.

Le 17 juin 1322, la Reine-Blanche fut enterrée aux Cordeliers-Saint-Marcel ; le 22 mai 1348, Humbert, prince souverain de Viennois, y fut aussi enterré ; on bâtit les Hospitaliers, par ordre de Anne d'Autriche, nièce de Louis XIV ; Saint-Jacques-de-l'Hôpital, pour loger les voyageurs qui alloient à Saint-Jacques-en-Galice ; plusieurs colléges et une infinité d'autres établissemens de ce genre, au point que le concours des professeurs de toutes les sciences et arts étoit si considérable à cette époque, dans les quartiers Saint-Victor et Sainte-Geneviève, qu'ils furent nommés la *Ville de l'Université.* Sous Jean le Bon, on fortifia Paris contre les Anglais ; on commença à former la bibliothèque royale, avec 20 volumes ; le cardinal de Noailles posa la première pierre de la nef de l'église Notre-Dame-Saint-Louis-en-l'Isle, en 1302.

Quatrième clôture de Paris. Fondation de la Bastille. Continuation du Louvre, de la Trinité, et autres édifices publics, faits sous Charles V et divers princes qui lui ont succédé.

En 1365 et années suivantes, on fit une nouvelle clôture de la ville, renfermant 1234 arpens ; on augmenta la bibliothèque royale de 900 volumes, joints aux 20 volumes avec lesquels Jean I. l'avoit fondée, qui fut conservée avec soin. Le duc de Beaufort, oncle de Charles VI, régent alors, acheta cette bibliothèque pour 1,200 fr. ; elle fut ensuite transportée à Londres, excepté quelques volumes qui restèrent, avec lesquels Louis XII a commencé l'établissement de celle qui existe aujourd'hui. On bâtit le palais de Tournelle, et un jardin royal, rue Saint-Antoine, où est maintenant la place Royale (1) ; le château de la Bastille, qui servit d'abord de forteresse contre les Anglais, puis ensuite de prison d'Etat ; on a continué le Louvre, et fait des dispositions pour commencer les Tuileries ; on a aussi bâti l'église Saint-Paul (2), en place de la Chapelle royale de ce nom, sur le dessin de Mansard, qui y fut enterré avec plusieurs hommes célèbres, entr'autres, Rabelais, qui fit son testament en ces termes :

> Je dois beaucoup, je n'ai rien valant ;
> Je donne le reste aux pauvres.

En 1383 et années suivantes, on fonda l'hospice du Saint-Esprit, en Grève, destiné à recevoir les enfans trouvés, nés à Paris (3) ; on acheva de fortifier la quatrième clôture de Paris, suivant l'ensemble du trait (coté IV), au plan ci-joint ; on continua les travaux du Louvre et les dispositions pour ceux des Tuileries, et le beau portail de l'église des Feuillans, par Mansard (4).

En 1408, l'évêque Guillaume, soixantième abbé de Saint-Germain-des-Prés, fit faire la châsse de ce Saint, où il fut employé 27 marcs d'or, 250 marcs d'argent, et 168 pierres précieuses ou diamans ; la même année, Vitré, célèbre imprimeur et marguillier, fit mettre sur la porte du passage de la rue Parcheminerie, ces vers :

> Passant, penses-tu pas passer par ce passage,
>   Où passant, j'ai pensé ?
> Si tu n'y penses pas, passant, tu n'es pas sage ;
>   Car en n'y pensant pas, tu te verras passé.

En 1431, Henri VI, roi d'Angleterre, fut sacré dans l'église de Notre-Dame, à Paris, le 17 décembre, où il resta maître pendant sept ans.

---

(1) Nommée en 1792 *Indivisibilité*, puis *Fraternité et des Vosges.*
(2) Supprimée en 1795, où l'on a bâti des maisons et magasins en place, rue de ce nom.
(3) Supprimé en 1795, et les bâtimens réunis à l'Hôtel-de-Ville.
(4) Démoli en 1808, et où passe maintenant la belle rue Castiglione des Tuileries à la place Vendôme.

. En 1436, Jean Deville de l'Isle-Adam, connétable, fit son entrée dans Paris, le vendredi d'avant la Quasimodo. Les Anglais furent, deux ans après, chassés de France, et on bâtit le Château-Trompette, à Bordeaux.

En 1442, on fit la châsse de Sainte Geneviève, d'un vermeil enrichi de pierres, avec 193 marcs d'argent et 8 marcs et demi d'or; une couronne de diamans, donnée par la reine Marie Médicis, et un bouquet par la reine Anne d'Autriche.

En 1445, on a déposé à la bibliothèque du collége de Narbonne les deux premiers volumes *in-folio*, imprimés à Mayence; on bâtit l'école de Droit et celle de Médecine; le couvent des Filles de l'*Ave Maria* (1), dont l'usage singulier étoit de ne point manger de viande, de ne point porter de linge, d'aller nu-pieds, et de se coucher dans une boîte de bois qui leur servoit de bière après leur mort; on établit le cimetière Saint-Séverin, sur les murs duquel Vitré, marguillier, déjà cité, fit transcrire ces vers:

> Tous ces morts ont vécu. Toi, qui vis, tu mourras:
> L'instant fatal approche, et tu n'y penses pas.

En 1496, la Seine déborda, et en 1505, Jacques d'Amboise fit construire l'hôtel de Clugny, où l'on voit encore des antiquités du palais, et des thermes que Julien l'Apostat y avoit fait édifier.

Cinquième clôture de Paris. Les Tuileries, l'ancien Louvre, et autres édifices publics, commencés et continués sous François I., Henri II, Charles IX et Henri III.

En 1519 et années suivantes, François I. fit l'échange du château de Chanteloup, en Touraine, avec Nicolas de Neuville, pour les Tuileries qui n'étoient alors que des masures et des fours à tuiles, à la place desquelles on a élevé le plus beau palais de l'Europe, et qui en a conservé le nom. Ce même prince fit abattre un ancien château, pour commencer ce que l'on appelle aujourd'hui *l'ancien Louvre*; il fit faire la cinquième clôture de la ville, renfermant 1414 arpens (2); le quai de la Ferraille, le collége royal de Cambray et l'hospice des Enfans rouges, où est maintenant le marché de ce nom.

En 1538, on posa la première pierre de l'Hôtel-de-Ville bâti sur le dessin de Dominique Carton, à l'endroit coté & ; on fonda la société des Jésuites; on augmenta la bibliothèque royale.

Le 18 juillet de cette année, le tonnerre tomba sur le magasin à poudre de l'arsenal; l'explosion fut si forte, qu'elle fit écrouler et ébranla des maisons jusqu'à plus de mille pas à la ronde.

En 1548 et années suivantes, on continua les travaux du Louvre; on bâtit l'hôtel de Soubise à l'endroit coté T, en place de celle de Clisson-Laval, maison considérable, fondée par Henri I., duc de Guise; les Petites-Maisons, les Capucins-Saint-Honoré, le Jurisconsulte, le Marché neuf, une partie des maisons du Marais, des rues Saint-Martin et Saint-Denis; on termina la cinquième clôture, et on continua de bâtir dans les quartiers Saint-Nicolas-des-Champs, Saint-Marceau, Saint-Jacques, Saint-Germain et Saint-Antoine.

En 1564, Marie de Médicis fit commencer le château des Tuileries, et continuer le Louvre, par Pierre de Lorme et Jean Bullan, célèbres architectes.

En 1578, le 31 mai, Henri III posa la première pierre du Pont-Neuf, qui fut commencé suivant le plan de J. A. Ducerceaux, habile architecte. Ce prince fut assassiné à Saint-Cloud, le 1.er août 1589, par Jacques Clément, Jacobin, élève Dominicain, âgé de 22 ans, né à Sabonne, près Sens.

Henri III mourut le lendemain, âgé de 38 ans, et déclara, en mourant, *Henri*, roi de Navarre, son successeur, qui fut nommé *Henri IV*.

____

(1) Quartier Saint-Paul, où il existoit encore, en 1814, une tour de la 4.e clôture.
(2) Suivant la ligne cotée V. V. V., au plan de Paris ci-joint.

F I N.

ABRÉGÉ HISTORIQUE

SUR

LES ACCROISSEMENS ET EMBELLISSEMENS

DE PARIS,

Depuis HENRI IV, *dit* le Grand, jusqu'à LOUIS XV, *dit* le Bien - Aimé :

Par M. B. A. H. DE VERT, Architecte.

HENRI IV naquit à Pau, le 13 décembre 1553, de la famille de Robert, comte de Clermont ; il fut roi de Navarre, par Jeanne d'Albert, sa mère, fille de Henri, roi de Navarre. Elle épousa Antoine de Bourbon, duc de Vendôme.

En 1589, Henri IV fut reconnu roi de France, par la plus grande partie des princes et seigneurs de la cour, malgré les vœux de plusieurs ; les années suivantes, ce monarque eut diverses guerres et des combats à soutenir pour assurer la paix et la tranquillité dans ses états, entr'autres à Paris et divers lieux de ses environs, où le cardinal de Bourbon, dit Charles X, fut aussi déclaré roi. Ce cardinal étoit fils cadet de Antoine de Bourbon, roi de Navarre et oncle de Henri IV. Ce dernier gagna la fameuse bataille d'Ivry, près de Dreux, le 14 mars 1590, avec 1200 hommes contre 16000, commandés par le duc de Mayenne, qui avoit aussi été déclaré roi. Enfin, le cardinal de Bourbon ayant reconnu Henri IV pour son roi, ce monarque prend Corbeil, Melun-sur-Seine, Lagny et autres lieux sur la Marne. Il fit le siége de Paris, où le fanatisme fit éprouver aux parisiens une cruelle famine. Henri IV jette des vivres dans Paris, le 25 juillet 1593 ; il fit son abjuration à S.t-Denis. Tout y fut soumis. Il fut sacré à Chartres, le 27 février 1594.

Désignation des monumens et établissemens publics faits et entre-pris à Paris, sous Henri IV, dit le Grand.

En 1596, le palais des *Tuileries* fut continué et presque achevé par les soins de Sully, premier ministre ; le corps de bâtiment de ce vaste palais a 170 toises de face sur 17 de profondeur, bâti suivant le plan de Louis Leveau. On commença le beau jardin qui l'accompagne, qui a 500 toises de long et 170 de large, que François I.er et Catherine de Médicis avoient fait commencer suivant le plan de P. de Lorme et de J. Bullan. Au nord et au midi dudit jardin, sont deux superbes terrasses formant le fer-à-cheval, côté des Champs-Elysées, garnies de rampes en fer, d'arbres, bosquets, figures diverses, tant en marbre supérieurement sculpté, qu'en bronze fondu ; l'intérieur également garni de pareils objets, avec des fleurs de toute espèce (1) ; plus, 4 bassins à jet d'eau, dont les bords sont en marbre blanc veiné, que Louis XVI a fait réta-blir en 1790 ; ce qui forme enfin la plus vaste, la plus agréable et la plus ma-jestueuse des promenades de Paris.

(1) Qui tous en partie ont été refaits et rétablis à neuf en 1810.

L'hospice S.t-Louis, dit du Nord, coté 5, destiné pour loger les pestiférés, fut aussi fondé par Henri IV.

La place et rue *Dauphine* (1) furent formées, ainsi que les rues de la Monnoie, du Roule et des Prouvaires, avec toutes les maisons entre le Pont-Neuf et S.t-Eustache, et une infinité d'autres, dans les quartiers du Marais.

En 1598, la galerie du Louvre, côté de la rivière, qui va joindre de ce palais à celui des Tuileries, fut continuée et presque terminée par du Cerceau, célèbre architecte. Ce corps de bâtiment, aussi magnifique que régulier dans son ensemble, a 227 toises de longueur sur 5 de largeur. On bâtit également la galerie d'Apollon, qui fut incendiée en 1661.

Le château du *Louvre* que l'on voit aujourd'hui, où communique cette belle galerie, fut commencé par François I.er, et continué par Henri II, son fils. La cour de ce château renferme un carré de 378 pieds de toutes faces, même distance que le grand clocher de la cathédrale de Chartres (2) a de hauteur.

Napoléon Buonaparte a presque fait achever le Louvre en 1813, dont la dépense des travaux payés aux divers entrepreneurs, suivant le plan de Percier et Fontaine, est évaluée 22,400,000 francs.

En 1602, la manufacture des *Tapis*, façon de Perse, fut établie au bas de Chaillot, suivant les plans inventés par P. Dupont et S. Loudet. Elle fut terminée en 1615, par ordre de Marie de Médicis, dans une maison nommée la *Savonnerie*, parce qu'on y faisoit du savon ; elle fut ensuite réunie à celle des Gobelins, faubourg S.t-Marceau. On commença à bâtir Picpus, et on agrandit l'Hôtel-Dieu.

En 1604, le *Pont-Neuf* fut terminé par Guillaume le Marchand. La maison des Capucines, rue de ce nom, fut fondée (3) suivant les intentions de Louise de Lorraine, veuve de Henri III, que Louis XIV a fait achever pour 600,000 francs ; l'église et maison conventuelle des Carmes déchaussés, faubourg S.t-Jacques, où fut la sépulture de la maison de Condé, et où il existoit plusieurs chefs-d'œuvres tant en peinture qu'en sculpture (4).

La place *Royale* fut formée en place du jardin de la Tournelle, d'une forme et d'un carré de 72 toises de toutes faces, avec ses bâtimens réguliers élevés de trois étages dans tout son pourtour, lesquels forment ensemble, au rez-de-chaussée, un cloître voûté de 288 toises, qui sert de galerie pour le public. Cette place fut finie en 1612.

Le milieu qui sert de promenade, avec un berceau planté en tilleuls au pourtour, et entouré d'une belle grille de fer, avec ornement fait sous Louis XIV, où étoit la statue de Louis XIII à cheval, fondu d'un seul jet par Biard, de grandeur naturelle, d'après le dessin de Daniel de Voltaire, et que le cardinal de Richelieu a fait achever en 1639 (5).

En 1609, la *sixième clôture* de la ville fut conçue par Henri IV et Sully, tous deux protecteurs et amis des arts et du commerce. Elle fut terminée par Louis XIII. Enfin, ces deux grands hommes conçurent également le plan d'une des plus belles et des plus vastes places de Paris, dans le quartier du Marais, entre le Temple et le boulevart Pont-aux-Choux, qu'il avoit nommé *Place de France*, vu les rues de ses environs, qui portent le nom de différentes provinces, comme celles du

---

(1) Nommée en 1792, Thionville, jusqu'en 1814, qu'elles ont repris leur nom.

(2) C'est un des plus beaux monumens de l'Europe, qui mérite d'être vu.

(3) Vendue, et partie démolie en 1804. On passe maintenant la belle rue, formée en 1810, du boulevart à la place Vendôme.

(4) Vendue, et partie détruite en 1792 et 1793.

(5) Cette statue a été détruite en 1792, où est maintenant un bassin avec fontaine jaillissante, établie en 1812.

Poitou, de la Beauce, de la Marche, du Berry, de la Bretagne, d'Orléans, de la Touraine, de la Normandie, de la Picardie et de l'Anjou, qui devoient y correspondre : mais la mort funeste et subite de ce grand prince a empêché l'exécution de ce vaste et sublime plan par lui conçu (1). Henri IV fut assassiné le 14 mai 1610, par F. Ravaillac, passant rue de la Féronnerie.

Monumens, embellissemens et établissemens publics faits et entrepris à Paris sous Louis XIII, dit le Juste.

Louis XIII, né à Fontainebleau, le 27 septembre 1601, sacré à Reims le 17 octobre 1610, et déclaré majeur en 1614.

En 1610, le portail de *S.t-Etienne-du-Mont* fut bâti par ordre de Marguerite de Valois, première femme de Henri IV : elle en posa la première pierre le 2 août. Cet édifice mérite d'être vu, ainsi que la chaire à prêcher, faite par Lestocart, d'après le dessin du célèbre Hire ou Batis.

Les Minimes, au Marais, suivant le dessin de F. Mansard, par les soins de O. de Chaillou; l'église et le portail étoient d'une belle architecture (2).

Le *Collége royal* fut bâti à neuf; Louis XIII en posa la première pierre le 28 août, même année : les deux principaux corps de bâtimens existant maintenant furent faits en 1775. François I.er qui en est le fondateur, avoit ordonné la formation d'un collége, avec 100,000 francs de rente, pour l'instruction gratuite de 600 pauvres.

En 1611, l'*Oratoire* (3), rue S.t-Honoré, suivant le plan de Lemercier et Caquet, par les soins du cardinal de Berulle, qui mourut le 2 octobre 1626, en célébrant la messe; il existoit, avant 1789, rue d'Enfer-S.t-Jacques, un noviciat de cet ordre.

Picpus, à l'extrémité du faubourg S.t-Antoine, fut bâti; Louis XIII posa la première pierre de l'église de ce nom.

En 1612, l'hospice de la *Pitié*, l'un des plus considérables de Paris, fut bâti, par les soins de Vincent-de-Paul, rue S.t-Victor, vis-à-vis le Jardin des Plantes. Celui des Cent-Filles fut établi à côté, par le président Seguier, où étoit le séjour d'Orléans, dont il est parlé dans l'histoire. On n'y recevoit que des filles nées à Paris, de 6 à 7 ans jusqu'à 20; elles étoient entretenues fort proprement; elles avoient 100 francs de dot pour se marier, avec le privilége de faire recevoir leurs maris maîtres, et *gratis*, dans le corps d'état qu'ils professoient (4).

En 1613, les *Jacobins*, dits de S.t-Dominique-S.t-Honoré (5), coté H, dans l'église desquels étoit le tombeau du célèbre P. Mignard et du maréchal de Créqui, fait par Lemoine et Lebrun.

Les aqueducs d'*Arcueil*, faits par les Romains, furent rétablis suivant le plan de J. Desbrosses, par ordre de Marie de Médicis.

En 1614, la statue de *Henri IV* fut commencée et terminée en 1635, sur la pointe de l'île de la Cité, côté de l'ouest (6), vis-à-vis le milieu du Pont-Neuf. Ce grand monarque étoit représenté à cheval, de grandeur naturelle. Aux quatre coins étoient quatre esclaves, aussi de grandeur naturelle, avec ornemens.

---

(1) Le 12 novembre 1609, il fut rendu une ordonnance de police, portant que les comédiens des théâtres ouvriroient leurs portes à une heure après midi, et qu'à deux heures ils commenceroient leurs représentations, pour que le jeu fût fini avant quatre-heures et demie, depuis la S.t-Martin jusqu'au 15 février. Paris étoit alors bien différent de ce qu'il est aujourd'hui; il n'y avoit point de lanternes; il y avoit beaucoup de boue, très-peu de carrosses et quantité de voleurs; c'est ce qui donna lieu au règlement de police ci-dessus cité.

(2) Vendus et démolis en 1794, où passe maintenant la rue de ce nom.

(3) C'est dans l'église de ce nom qu'eut lieu, en 1795, la fameuse scission des électeurs de Paris.

(4) Cet établissement a aussi été supprimé en 1790.

(5) C'est-là qu'ont tenu, en 1789 jusqu'en 1793, les assemblées du fameux club dit des *Jacobins*, démoli en 1794, où est maintenant le beau et utile marché de ce nom, formé en 1806.

(6) Cet endroit étoit, en 1300, une petite île nommée les *Juifs*, avec un moulin de ce nom.

Ils avoient été fondus en bronze par J. de Boulogne et de Franceville, et la statue par Després. Ce monument fut envoyé comme un présent par le duc de Toscane, Côme II, à Marie de Médicis, sa fille, et épouse de Henri IV.

En 1615, le palais du *Luxembourg* (1), l'un des plus beaux et des plus considérables monumens de Paris, bâti à l'endroit coté M, par les ordres de Marie de Médicis, suivant le plan de Debrose. Ce palais a été rétabli à neuf sous Napoléon Buonaparte, suivant les plans de Chalegrin, qui l'a fait considérablement embellir ; et le jardin agrandi au moyen de la réunion d'une grande partie du terrain des ci-devant Chartreux. On passe maintenant la belle avenue de ce palais à l'Observatoire fait en 1812, qui a 258 toises de long sur 26 de large.

En 1615, les *Champs-Elysées* et le Cours de la Reine, qui ensemble font la plus belle promenade de Paris, ayant plus de 500 toises de long sur 200 de large environ, commencés par ordre de la reine Marie de Médicis. C'est de là que vient le nom du Cours de la Reine, qui est une grande allée de 500 toises sur 20, planté de 1800 ormes, au long des Champs-Elysées, côté de la rivière. Cette promenade a été replantée à neuf en 1772.

En 1620, l'hôtel de la *Vallière*, fondé par le secrétaire d'état de ce nom ; ensuite acquis par le maître des requêtes Roullière, qui l'a vendu à Louis-Alexandre de Bourbon, comte de Toulouse et de Penthièvre, qui l'ont fait agrandir et embellir en 1713, suivant le plan de F. Mansard et Descôte. On a bâti la maison des Filles de S.te-Elisabeth, rue du Temple ; l'église du collége des Prémontrés, rue Haute-Feuille, fondée en 1255 ; les Capucins du Marais (2), par Athanase Mollé, frère du premier président de ce nom, et garde des sceaux ; le Pont-Marie, qui fut détruit et rétabli en 1658, par l'entrepreneur de ce nom.

Les *Capucins* de S.t-Jacques, sur un terrain donné par Godefroy de la Tour (3). On fonda les Filles-Bleues, au Marais, dont l'usage singulier étoit de leur parler sans les voir ; les Magdelonettes, rue des Fontaines, où étoient des femmes divisées en trois classes, pour faire pénitence. Cette maison fut fondée par les soins de la marquise Maignelai, sœur du cardinal Gondy (4), quartier du Marais.

N. D. de l'isle *S.t-Louis*, qui en faisoit deux autrefois, par un petit canal qui passoit où est l'église actuelle érigée en ce temps-là. Elle fut bâtie en 1664, suivant le dessin de L. Leveau et Leduc. Cette isle n'étoit encore, à cette époque, que des chantiers et des promenades. En 1702, on bâtit la nef de l'église actuelle, par les soins du cardinal de Noailles, qui en posa la première pierre. C'est dans ce même quartier qu'étoit le fameux hôtel dit Breton-Villiers, bâti suivant le dessin de L. Leveau, où étoient une infinité d'objets rares et curieux, tant en peinture qu'en architecture (5). Enfin, cette isle est maintenant bâtie d'assez belles maisons, avec des rues toutes tirées au cordeau ; ce qui en fait la beauté.

Portail de *S.t-Gervais*, bâti à l'endroit coté Z, suivant les dessins de J. Debrosses, par ordre du cardinal de Richelieu. C'est un des beaux édifices de Paris, qui mérite d'être vu.

En 1625, l'abbaye du *Port-Royal*, rue de la Bourbe (6), suivant le dessin de Lepautre, sur le terrain du clos Mureau, où passe maintenant la belle avenue du Luxembourg à l'Observatoire, déjà cité.

En 1627, portail et église des *Jésuites*, rue S.t-Antoine. Louis XIII en posa la première pierre, accompagné de M. de Gondy, premier archevêque de

---

(1) Ci-devant d'Orléans, ensuite du directoire en 1791, du sénat en 1799, et des pairs en 1814.
(2) Maintenant l'église succursale de la paroisse de S.t-François-de-Sales, depuis 1790.
(3) Où est maintenant l'hospice de l'Humanité, fondé en 1786.
(4) C'est-là que sont maintenant détenues les femmes pour dettes, depuis 1790, et pour autres corrections.
(5) Vendu, et parti détruit en 1792.
(6) Lieu où un grand nombre de personnes de tous états et professions ont été détenues lors du gouvernement anarchique, en 1793, où depuis on avoit transféré de Vaugirard la 3.e division de l'hospice de la Maternité, qui y a résidé jusqu'au 1 octobre 1814, d'où elle a été transférée rue d'Enfer.

Paris, suivant le dessin du frère Martel, et que le cardinal de Richelieu a fait achever. Ce monument mérite d'être vu comme un des beaux morceaux d'architecture de Paris.

On a bâti la maison des *Pères* de la place Victoire (1) où sont un beau portail et un cloître qui méritent aussi d'être vus. Louis XIII en posa la première pierre.

Les Pères de la Merci, au Marais, furent bâtis à cette même époque (2), ainsi que la chapelle du Val-de-Grace, fondée par Anne d'Autriche.

En 1629, le palais *Cardinal*, ensuite *Royal*, fut bâti par ordre du cardinal de Richelieu, qui fit l'acquisition à ce sujet des hôtels de Mercure, de Brion, de Sillery et de Rambouillet, ensuite de Montensier, en place desquels il fit bâtir le palais Cardinal, suivant le plan de J. Lemercier, où il créa le cabinet d'architecture.

En 1636, ce palais fut cédé par testament du cardinal, avec 50,000 écus, à Louis XIV, alors Dauphin, qui vint avec sa mère-régente y loger après la mort de Louis XIII; ce fut à cette époque qu'il prit le nom de Palais-Royal. Louis XIV en fit don au duc d'Orléans, régent, qui, ainsi que ses descendans, y ont fait faire de grands changemens.

En 1793, il fut nommé palais de l'*Egalité*, parce que Louis-Philippe-Joseph, duc d'Orléans, avoit pris le nom d'Egalité. Au milieu du jardin que ce palais renferme, étoit un cirque souterrain que ce prince avoit fait bâtir en 1788 (3). Il fut incendié en 1793, vers la fin de 1799, sous les consuls à terme. Ce palais fut choisi pour la tenue des séances du tribunat. On fit mettre sur la principale porte d'entrée, en grosses lettres, ces mots : *Palais du Tribunat*.

En 1800, on a replanté à neuf, avec changemens, le jardin actuel, en supprimant les débris du cirque ci-dessus cité ; à laquelle époque cet endroit a repris son nom de *Palais-Royal*.

En 1814, le duc d'Orléans, fils de Louis-Philippe-Joseph de ce nom, a adopté le plan pour faire au milieu de ce jardin un bassin avec fontaine jaillissante, au moyen des eaux du canal de l'Ourcq.

En 1629, la *Sorbonne*, fondée par R. de Sorbon, aumônier et confesseur du roi, en 1252, pour enseigner la théologie, fut rebâtie de fond en comble, par ordre de *A.-J. Duplessis*, cardinal, duc de Richelieu, et de Fronsac, abbé général de Clugny-Citeaux, premier ministre d'Etat, qui posa la première pierre de l'église actuelle, le 4 juin 1629.

J. Lemercier en fut l'architecte; le *dôme*, que l'on peut regarder comme un chef-d'œuvre d'architecture, avec l'horloge qui marque les changemens de la lune, mérite d'être vu : il y avoit un tabernacle et un *soleil* d'or, qui ont coûté 20,000 fr. Il existoit, dans cette vaste maison, la plus fameuse bibliothèque de la capitale, qui, avec l'ensemble de ses bâtimens, formoit un quartier de la ville (4). A cette même époque, Anne d'Autriche fonda la maison hospitalière de la Place Royale, dite la Charité-des-Femmes.

En 1631, le même ministre Richelieu fonda les noviciats des Jacobins-S.t-Dominique, faubourg S.t-Germain (5), où est un beau portail de l'église, bâti suivant le dessin de Bullet.

---

(1) C'est-là qu'est mort en odeur de sainteté, en 1687, le frère Fiacre, qui avoit prédit la naissance de Louis XIV. C'est-là que se tient, depuis 1795, la Bourse, qui fixe le cours du commerce.

(2) Supprimés, vendus et démolis en 1794.

(3) C'est dans ce cercle qu'ont tenu les séances du fameux club connu sous le nom de *Bouches-de-Fer*, en 1790.

(4) Depuis 1792, le sort de cette vaste maison ayant été le même que celui de toutes les autres de ce genre, ces bâtimens ont été en partie vendus et en partie détruits.

(5) C'est dans cette église qu'avoient repris les séances de la société dite des *Jacobins*, amis de la constitution, après cette fameuse journée du 18 fructidor. C'est-là que le ministre Portalis a été inhumé.

La *sixième clôture* de la ville fut commencée suivant le plan arrêté par Henri IV. En 1633, *S.t-Roch* fut bâti suivant les plans de J. Lemercier, et continué par Decote, architecte. Le grand portail de l'église mérite d'être vu, ainsi que la chapelle de la Vierge et la chaire à prêcher (1), qui sont des chefs-d'œuvres d'architecture, tant en menuiserie, qu'en serrurerie et en sculpture, faits sur le dessin de Challe, par Dozet, habile serrurier. Il y a également divers tableaux, ainsi que plusieurs autres ouvrages, tant en peinture qu'en sculpture, qui méritent aussi d'être vus. S.t-Roch est situé rue S.t-Honoré, vis-à-vis l'impasse Dauphin, dit rue de la Convention (2).

En 1634, le Jardin des *Plantes* fut entrepris par les soins de MM. Bouvard et de la Brosse, tous deux célèbres médecins du roi, à l'endroit coté *d*. Ce bel et utile établissement fut augmenté et embelli sous les ministères du cardinal Mazarin et de Colbert, de même que le cabinet d'Histoire naturelle, créé par le célèbre Buffon. On a fait faire les fossés et les remparts de l'arsenal. La reine Anne d'Autriche posa la première pierre de la maison Trénel, faubourg S.t-Antoine.

En 1640, les *Enfans-Trouvés* et abandonnés, ou création d'une maison hospitalière, pour recevoir ceux nés orphelins et indigens, qui sont dans ce cas, avec cette épigraphe :

Ils n'ont jamais connu le sourire d'une mère :
La fortune bisarre veille, pendant la nuit, sur ces enfans tout nuds ;
Elle leur sourit, elle les presse entre ses bras, et les réchauffe dans son sein.

Ce fut donc en 1640, que cette belle, utile, sublime et juste institution de charité et d'humanité, fut fondée dans une maison attenant à l'église et port S.t-Landry, dans la Cité, d'après les exhortations d'un homme extraordinaire, Vincent-de-Paul, mort en odeur de sainteté, en 1660, à 85 ans, et dont la vie ne fut qu'un véritable bienfait.

Enfin, Louis XIII meurt à S.t-Germain-en-Laye, le 14 mai 1643, des mêmes mois et jour que son père Henri IV. Il est enterré à S.t-Denis.

Monumens, embellissemens et établissemens publics, faits et entrepris à Paris, sous Louis XIV, dit le Grand.

Ce monarque, né à S.t-Germain-en-Laye le 5 septembre 1638, ne fut baptisé que le 21 avril 1643 ; et il parvint à la couronne le 14 mai suivant.

En 1645, le *Val-de-Grace*, la maison et l'église du vaste monastère de ce nom, furent bâtis par ordre de Anne d'Autriche, veuve de Louis XIII, commencés par F. Mansard, et continués par Lemuet, Leduc et Duval, tous architectes célèbres, qui les ont finis en 1665, rue S.t-Jacques, à l'endroit coté *G*, en actions de graces de l'heureuse et inespérée naissance du Dauphin (depuis Louis XIV), que cette princesse eut après 22 ans de stérilité. Le dôme de l'église, qui est magnifique en architecture, mérite d'être vu ; il y avoit un tabernacle rare et curieux, enrichi d'un *soleil* d'or émaillé couleur de feu, tout brillant de diamans, qui a coûté 15,000 francs et 7 ans de travail. L'autel qui est garni de six grosses colonnes de marbre, torses sur le dessin de Leduc, a coûté 60,000 francs. C'est dans cet endroit qu'étoient déposés les cœurs de plusieurs rois et princes, entr'autres de ceux de la famille d'Orléans (3).

---

(1) En partie détruites en 1793.

(2) C'est-là où Napoléon Buonaparte, nommé général par la direction de la république française, à la tête des troupes soldées, eut un combat le 19 vendémiaire, cité dans l'histoire contre une partie de la garde nationale parisienne, où plusieurs ont été tués en 1794.

(3) Cet édifice a été consacré, depuis 1791, à l'usage des hospices militaires, jusqu'en 1814, époque où Louis XVIII en a fait don à M.lle de Condé, pour, dit-on, y rétablir une maison de secours et d'instruction publique.

En 1655 , *S.t-Sulpice* a été continué , à l'endroit coté *o* , par les soins de l'abbé Languet, suivant les dessins de Laveaut et Appenot, que. Servandoni, célèbre architecte , a fait achever en 1719 , excepté les deux tours qui ne sont pas encore achevées. Il y a dans cette église deux *coquilles* de mer qui servent de bénitiers, et que l'on considère comme deux chefs-d'œuvres de la nature. La chapelle de la Vierge, qui a une croisée de 160 pieds d'élévation, sur 40 de large, où sont plusieurs ornemens, tant en peinture qu'en sculpture, faits par MM. Monté , Bouchard et Lafosse , tous artistes célèbres , mérite d'être vue, ainsi que le grand portail de l'église, avec les deux tours non finies, par Chalegrin, architecte, soutenues par 68 colonnes élevées de 35 toises, ou 210 pieds de hauteur, lesquelles , au moyen de la place nouvellement formée vis-à-vis et à l'endroit coté □ , où étoit le ci-devant grand séminaire, font maintenant un très-bel effet, et par conséquent fixent l'attention des connoisseurs et amateurs.

En 1655 , la manufacture des *Glaces* , inventée par Rivière-du-Fréni, et fondée en 1634 par E. de Grammont, associé de J.-A. Dantoneuil , fut établie faubourg S.t-Antoine. Avant cet établissement, on étoit obligé de faire venir les glaces de Venise , pour meubles et miroirs. Cinq à six cents ouvriers sont journellement occupés dans cette vaste manufacture qui mérite d'être vue.

En 1656 , l'hôpital général de la *Salpétrière,* fondé par Vincent - de - Paul, propre à contenir 10,000 personnes, fut bâti à l'endroit coté *b* , par les soins du président Belièvre et le ministre infortuné Fouquet. Le cardinal Mazarin a fait un don de 700,000 francs pour son agrandissement. A cette même époque , la grande rue Richelieu, qui conduit des boulvarts du Nord à la rue S.t-Honoré, près le Palais-Royal, fut formée.

En 1660 , le jardin des *Tuileries* a été continué et perfectionné suivant le dessin de André Lenotre (1). Ce jardin étoit séparé alors d'avec le palais de ce nom, par une rue qui conduisoit de celle S.t-Honoré au Pont-Royal. Cette rue a été supprimée et convertie en terrasse au long du château. Un pont tournant fut établi pour l'entrée et sortie de ce jardin , vis-à-vis la grande avenue des Champs - Elysées , suivant le plan de Bourgeois , religieux des Grands-Augustins (2). On a achevé de faire la colonnade du Louvre , côté de la rivière.

En 1665 , le palais des *Arts* , non créé en 1808 , en place de celui dit *Mazarin* et *Quatre-Nations* , fut bâti suivant le dessin de F. Orbai , avec un beau dôme qui mérite d'être vu , joint à sa bibliothèque composée de 50,000 volumes, fondée par le cardinal Mazarin , qui fit un don de 2,000,000 à ce sujet, en 1659.

En 1667 , la manufacture des *Gobelins* , faubourg S.t-Marceau , conçue pour la teinture des laines, en 1450, sous François I.er , par Gilles-de-Gobelin , né à Reims, fut réunie à la fabrique des tapisseries, dite de la Savonnerie ; et que le ministre Colbert, ami des arts et du commerce, a fait augmenter et perfectionner par le célèbre Lebrun , faubourg S.t - Marceau , à l'endroit coté C. Il y a un directeur et un professeur de dessin , où les ouvriers peuvent s'instruire dans cet art. M. Bellay y a professé pendant plus de quarante ans. Enfin, cette manufacture mérite d'être vue comme une des plus rares de l'Europe en ce genre.

La *Trésorerie* fut établie en place du ci-devant hôtel Mazarin , ensuite de la compagnie des Indes, rue Neuve-des-Petits-Champs, au coin de celle Vivienne. Elle mérite d'être vue.

En 1667 , l'*Observatoire,* faubourg S.t-Jacques, fut bâti à l'endroit coté *f,* sous le ministère du grand Colbert. Il fut terminé en 1670, suivant le dessin de Claude Perrault.

En 1671, la septième clôture de la ville , renfermant 3,288 arpens, fut commencée.

(1) Le même qui a fait tous les plans des autres jardins royaux.
(2) Le même qui a fait le plan du pont de bateaux à Rouen.

L'hôtel et l'église des *Invalides* furent bâtis à l'endroit coté X , l'un des plus élégans et des plus admirables édifices qu'il y ait peut-être dans l'Univers , d'après les dessins de M. Bruant et autres artistes célèbres. Ce sublime monument , dont le détail seroit trop long pour entrer dans cette feuille , mérite d'être vu comme le premier de tous les établissemens de Paris , à raison de sa juste institution , pour servir de retraite aux braves qui ont sacrifié leur jeunesse , et répandu leur sang pour la défense de la patrie. Le dôme , sans pareil , est un des plus beaux chefs-d'œuvres d'architecture. Enfin , toutes les avenues et boulevarts , plantés d'arbres qui environnent cet endroit, joints à l'École Militaire, font l'admiration et l'agrément de tous les spectateurs qui vont journellement voir cet incomparable édifice.

En 1672 , Arcs de triomphe de *S.t-Denis* , S.t-Martin et du Trône , qui méritent d'être vus , entr'autres le premier , comme un véritable chef-d'œuvre d'architecture (1). Celui du Trône a été supprimé en 1680. M. Douly , receveur-général de Poitiers , fit bâtir en 1673 une maison particulière rue des Filles-S.t-Thomas , où il y dépensa plus de 300,000 francs.

En 1675 , les quais *Peltier* et de l'*Horloge* furent établis. Le premier , qui conduit de la maison de ville au pont Notre-Dame , mérite d'être vu comme un ouvrage d'un rare mérite , fait par Bullet , célèbre architecte , sous les ordres du prévôt des marchands , Peltier. C'est une voûte coupée dans son cintre en quart de cercle , et d'une manière extrêmement hardie , suspendue sur la rivière , et qui supporte le trottoir dudit quai , pour servir aux gens de pied. Le quai de l'Horloge , dit *des Morfondus* , côté opposé de la rivière qui conduit au Pont-Neuf , fait dans le même genre , mérite aussi d'être vu.

En 1684 , on bâtit l'église de la maison conventuelle des Filles du S.t-Sacrement , au Marais , où étoit l'hôtel Turenne.

La bibliothèque du gouvernement fut augmentée et agrandie ; elle est composée de près de 100,000 volumes , et est maintenant située rue de Richelieu , à l'endroit coté I.

En 1701 , l'hôtel des Mousquetaires fut bâti rue de Charenton. Enfin , ce grand monarque avoit également conçu le renouvellement de l'entreprise du canal de l'Ourcq , qu'il fit commencer par M. Manse , associé de M. Riquiet , et qui fut suspendu par la mort de ce dernier et du grand Colbert (2). C'est ce même prince qui a fait terminer le magnifique château de Versailles , ainsi que l'utile et incomparable canal du Languedoc , conçu par le génie du célèbre P. P. Riquet , qui l'a fait exécuter de concert avec Androisie , son premier ingénieur , par les soins du grand Colbert I.er , ministre et intendant des bâtimens de S. M. , qui sont autant de chefs-d'œuvres d'architecture et autres objets d'arts propres à fructifier l'agriculture , la navigation et la prospérité du commerce général du beau et vaste territoire français.

Louis XIV meurt à Versailles le 1.er septembre 1715 , à huit heures et demie du matin , âgé de 77 ans moins 4 jours , et enterré à S.t-Denis.

---

(1) En 1793 , un échafaud considérable en charpente fut dressé autour de cet édifice , pour le détruire ; mais des artistes français , amis des arts , ayant observé que ce n'étoit pas faire la guerre au tyran des peuples , mais aux artistes , aux ouvriers , en détruisant cet édifice qui étoit le travail de ces derniers , et que l'on devoit respecter ce monument , comme étant un chef-d'œuvre de son génie ; l'échafaud fut détruit et le monument rétabli par le génie des Français. Napoléon Buonaparte l'a fait rétablir en 1808 , par le grand architecte.

(2) Continué en 1803 , et presque achevé en 1813 , sous Napoléon Buonaparte.

FIN.

PRÉCIS

DES MONUMENTS ET ÉTABLISSEMENTS

Faits et entrepris à Paris, depuis 1717 jusqu'en 1815.

SOUS LOUIS XV.

Louis XV naquit à Versailles, le 15 février 1710, de Louis, Duc de Bourgogne, fils du Dauphin, et de Marie-Adélaïde de Savoie; il fut proclamé Roi de France et de Navarre, le premier septembre 1715, et sacré à Reims, le 25 octobre 1722.

En 1717 et 1718, on termina *la huitième clôture de Paris*, qui renferme 3,858 arpents, au lieu de 3,910 marqués par erreur au Plan ci-joint; et *l'Hôtel de la Monnoie*, bâti sur l'emplacement de l'Hôtel Conti, suivant le plan d'*Antoine*. Cet édifice, situé près le Pont-Neuf, est d'une belle architecture, orné de six rangs de colonnes, avec diverses statues et vingt-sept croisées : il mérite d'être vu.

Le Panthéon ou nouvelle *Eglise Sainte-Géneviève*, bâti suivant le dessin de *Soufflot*, à l'endroit coté *h*, sur la montagne de ce nom, mérite d'être vu comme un des principaux monuments de Paris, quoiqu'il ait été manqué dans sa fondation, ainsi que l'architecte *Patte* l'avait prédit. C'est Louis XVI qui a fait presque terminer cet édifice : on y a fait, en 1808, de grands travaux en sous-œuvres, pour sa solidité, qui menaçait depuis plusieurs années. C'est là que sont maintenant enterrés les grands hommes d'Etat.

L'École de Médecine et de Chirurgie, rue des Cordeliers, fut bâtie avec un amphithéâtre propre à contenir douze cents personnes, et supporté par quatre rangs de colonnes de l'ordre Ionique, qui forment l'ensemble d'une belle architecture : elle mérite d'être vue, ainsi que le Cabinet des études de la nature, qui existe dans l'intérieur. La fontaine de vis-à-vis a été bâtie en 1808, suivant le dessin de *Baudouin*.

Le Pont de Neuilli, à deux lieues de Paris, où sont des pierres de 33 pieds de long, a été bâti suivant le plan du célèbre *Perronnet*, qui a organisé l'Ecole des Ponts-et-Chaussées, créée en 1743, par les soins du ministre *Trudaine*.

En 1739, ont été bâtis *l'École militaire*, l'un des beaux édifices de Paris; le *Champ de Mars*, les *Boulevards* et *les Avenues* qui l'environnent, le tout formant avec l'ensemble des Invalides, l'un des quartiers les plus champêtres et l'une des promenades les plus agréables de la capitale.

La Halle aux Blés a été bâtie suivant le plan de *Méziere* et *Delorme* : c'est un véritable chef-d'œuvre d'architecture, qui mérite d'être vu. Elle fut incendiée en 1804, par la négligence de quelques ouvriers plombiers, qui, pendant l'heure du repas, laissèrent des réchaux pleins de braises allumées sur la

2

charpente de cet édifice. Le feu ayant pris à cette charpente, la coupole de cet utile monument fut incendiée et détruite en moins de deux heures. Elle a été rétablie en 1811, suivant les plans de M. *Bellanger*, architecte, pour 800,000 francs. C'est à cet endroit qu'était ci-devant l'Hôtel de Soissons, bâti en 1570, par ordre de *Catherine de Médicis*, femme d'*Henri II*, où était un des plus beaux jardins de la capitale, et à la place duquel on a bâti un nombre considérable de belles maisons.

Le Réservoir, ou *Château d'Eau* de la rue Charlot, au Marais, propre à contenir 37,000 muids d'eau, pour nettoyer les rues et égouts de Paris, deux fois par semaine, fut établi par les soins de M. *Turgot*, alors Prévôt des marchands, ensuite Ministre.

La Fontaine de la rue de Grenelle, faubourg Saint-Germain, ornée de figures en marbre, mérite d'être vue.

En 1768, *les colonnades* et *bâtiments de la Place Louis XV*, l'un des plus beaux ouvrages de Paris, dont une partie est occupée par le garde-meuble de la couronne, furent entrepris suivant le dessin de M. *Gabriel*. Cette place a 125 toises sur 87 de surface. Au milieu, était la statue de ce monarque, représenté à cheval et de grandeur naturelle, en bronze, fondue d'un seul jet, posée sur un piédestal de marbre blanc veiné, avec une infinité d'attributs en bronze, aussi fondus, représentant divers objets analogues à ce beau monument, fait sur le dessin et sous la conduite de *Bouchardon*, sculpteur du Roi.

Louis XV mourut à Versailles, le 10 mai 1774, et fut enterré à St.-Denis.

SOUS LOUIS XVI.

Louis XVI, fils du Dauphin, né à Versailles, le 23 août 1754, Duc de Berry, puis Dauphin, le 20 décembre 1735, Roi le 10 mai 1774, sacré et couronné à Reims, le 11 juin 1775.

En 1774 et années suivantes, on bâtit *la Comédie Française*, nommée ensuite *l'Odéon*, sur les dessins de *Wailli*, à l'endroit coté *N*; celle des *Italiens*, par *La Noue*, entrepreneur; on a achevé *l'École de Médecine*, et continué la nouvelle église *Sainte-Géneviève*.

En 1785, *la place* du palais de Justice a été agrandie et les bâtiments restaurés ainsi que *la grille*; les diverses maisons qui l'avoisinent ont été faites à neuf; l'élargissement et l'alignement des rues, de même que l'église *Saint-Barthélemi*, maintenant un théâtre, le tout suivant les dessins de *Lenoir*, architecte. On a supprimé les maisons sur les ponts *Au Change*, *Notre-Dame* et *Marie*, puis on a restauré celles du quai de *Gèvres*, sous la direction du chevalier *Moreau*, célèbre architecte de la ville, auquel l'architecte *Poyette* a succédé.

A cette même époque, *les Capucins de la Chaussée d'Antin* ont été bâtis suivant le dessin de *Brognard* et, en l'année 1810, on y a établi le Lycée Bonaparte. On fonda *l'Hospice de l'Humanité*, dans l'ancien local des *Capucins Saint-Jacques* : les bâtiments en furent augmentés à ce sujet, suivant le dessin de l'ingénieur *Saint Fart*, ayant sous ses ordres *Jacob* et *Houard*, entrepreneurs. On a bâti les casernes *du Temple*, *de Babylone*, *de la rue Moufflard* et *de la rue Verte*; on a supprimé le cimetière des *Innocents*, en place duquel on a formé une place de ce nom, au milieu de laquelle a été établie la belle *fontaine* sculptée par *Jean Goujon*, à l'endroit coté *R*. On a bâti *les Halles aux toiles*, à l'endroit coté *O*, suivant les plans de *Legrand*, par *Renou* et *Gaillard*, entrepreneurs; et l'aplanissement des boulevards de *Saint-Antoine* fut fait par *Autrequin*, entrepreneur.

En 1786, *les Boulevards* de la neuvième clôture de Paris, renfermant 9910 arpents, ont été faits suivant les traits cotés *IX*, et plantés d'arbres, par *Duchesne* et *Cheradam*, sous la direction de l'architecte *Ledoue*, avec cinquante-deux bâtiments pour les barrières. Les églises du *Roule*, de la *Magdelaine*, du *Gros-Caillou* et *Saint-Sauveur* ont été commencées, suivant les plans de plusieurs architectes.

Le Pont Louis XVI a été bâti suivant les plan, devis et dessin du célèbre *Peronnet*, premier ingénieur de France, qui a présenté au Roi le plan d'un pont d'une seule arche de 315 pieds, vis-à-vis des Invalides : MM. *Desmoutiers*, ingénieur en chef pour la direction; *Prony*, inspecteur, membre de l'Académie et de la Légion d'honneur, directeur de l'École des Ponts et Chaussées et inspecteur général du même corps; *Houdouart*, ingénieur en chef et directeur des travaux du Mont-Cénis; *Lescot*, ingénieur en chef aux travaux du Simplon et du Mont-Cénis, où il est décédé; *Suhard* et *Brice*, ingénieurs ordinaires; *Provost*, entrepreneur; *Houard*, *Dreux*, *Farge*, *Dufeut*, *Duchemin* et plusieurs autres personnes instruites. Ce pont est évalué cinq millions de dépenses avec les murs des quais qui l'avoisinent et le chemin d'hallage qui passe dessous l'arche du nord, pour le service de la navigation. Il fait l'admiration publique par son élégance et sa hardiesse. Enfin, ce pont est composé de cinq arches ; celle du milieu a 108 pieds, celles des culées 72 pieds, et les autres 96 pieds.

On a bâti *l'Hôtel Batave*, rue Saint-Denis, en place de la maison du monastère dit *le Sépulcre*, suivant le dessin de *Bricard* (1) ; plus, les maisons particulières de *Saint-Magloire* et celles *Saint-Josse*, rue Aubry-le-Boucher ; celle *Beaumarchais*, porte Saint-Antoine ; *le Marché Sainte-Catherine* et *le Théâtre du Marais*, par le même, suivant les plans de *Lemoine* ; *la Salle de l'Ambigu comique*, *le Boulevard du Temple*, suivant le plan de *Cellérié*, par *Courte-Épée* ; *la Place Saint-Germain-l'Auxerrois* fut formée ; le beau corps de bâtiments du *Jardin Saint-Martin*, qui a 54 toises de face, fut bâti suivant le plan de M. *Antoine*. Le Conservatoire des Arts et Métiers y est établi, depuis 1800. C'est sur l'emplacement de ce jardin qu'on a construit, en 1812 et 1813, le beau marché de ce nom.

En 1787, l'entreprise *du Canal de l'Ourcq*, fut autorisée sous le nom de *Canal Royal de Paris*, par arrêt du Conseil d'État, en faveur du sieur *Sébastien Job*, prête-nom du sieur *Brûlé*, charpentier entrepreneur, et resta sans exécution ; *le Canal de l'Yvette* fut commencé à deux lieues au midi de Paris, suivant les plans de M. *Fer de la Nouet*, ingénieur, et les travaux n'en ont été suspendus que par des motifs d'intérêts particuliers.

En 1790, M. *Brûlé*, déjà cité, qui a fait la charpente de l'opéra de la porte Saint-Martin en trente-six jours, renouvela l'entreprise du *Canal de l'Ourcq*, sous le nom de *Canal national de Paris*. Il obtint à cet effet un décret que Sa Majesté sanctionna, pour commencer cette entreprise également sans exécution ; *le Canal de Saint-Maur* sur Marne, à Gravel, près Paris, fut proposé par M. *Frère de Montizon*, écuyer ingénieur, associé à *Houard*, entrepreneur, aussi sans exécution. Ce canal souterrain a été commencé en 1810, et presque terminé en 1813. M. *Gencis*, ingénieur, proposa de faire un canal d'Argenteuil à Sartouville sur Seine. MM. *Boutidour*, député à l'Assemblée constituante, et *Houard*, entrepreneur, furent, avec l'auteur, examiner la situation du terrain, et le projet leur parut facile à exécuter. Ce canal serait maintenant intéressant, pour faire suite à celui de *Saint-Denis* à Paris, exécuté en 1812 et 1813.

En 1792, on bâtit la *Rotonde du Temple* ; on rétablit à neuf, *les Bassins* du Jardin des Tuileries, déjà cité ; on finit les travaux du *Pont Louis XVI* ; on commença une garre pour les bateaux, au bas de Passis, et une autre près Charenton, toutes deux sans confection.

Ainsi se termine l'abrégé historique des monuments publics faits et entrepris à Paris, sous le règne de Louis XVI, qui finit le 22 septembre 1792.

Sous le Gouvernement dit Provisoire et sous le Directoire.

En 1792, 93 et 94, on détruisit toutes les statues et édifices publics qui étaient sur les diverses places et carrefours de la ville ; on forma des retranchements pour défendre Paris de l'approche des alliés, sollicités par les Princes et les émigrés français : le Roi de Prusse vint jusques dans les plaines de Châlons.

De 1795 à 1799, le Directoire fit exécuter quelques travaux au Luxembourg, qu'on disposa pour sa résidence. On fit également poser une centaine de bornes avec des barres de fer en travers, au long du port Saint-Bernard. Une quantité de bâtiments dits *nationaux* furent mis en vente, et partie démolis, entr'autres, *Saint-Paul*, *Saint-André-des-Arts*, *les Jacobins*, *les Grands Augustins*, *les Filles-Dieu*, celles du *Calvaire* (où passe maintenant la rue Ménil-Montant), et une partie *des Collèges*. Quelques habitants commencèrent des percements de nouvelles rues et passages sur les emplacements de ces divers domaines, qu'ils avaient acquis : ils en firent la vente par lots et portions, avec avantage.

Le 9 novembre 1799, ce Gouvernement fut entièrement dissous, le 18 brumaire an 9, et remplacé par celui dit des Consuls.

Sous le Consulat et Napoléon Ier

Bonaparte, *Sieyes* et *Roger-Ducos*, furent nommés, à Saint-Cloud, Consuls provisoires, et restèrent ainsi depuis le 9 novembre 1799, jusqu'au 8 décembre suivant, époque où *Bonaparte* avec *Cambacérés* et *Lebrun*, furent élus Consuls à terme, ensuite à vie, jusqu'au 18 mai 1804, que *Bonaparte* fut nommé par le Sénat Empereur des Français, sous le nom de *Napoléon I*. Il fut sacré et couronné à Paris, le 2 décembre suivant, par N. S. P. le Pape *Pie VII*, puis sacré et couronné Roi d'Italie, à Milan, le 25 mai 1805, ensuite nommé Protecteur de la Confédération du Rhin, et Médiateur de la Confédération Suisse.

---

(1) M. *Bricard* ayant eu une contestation avec la Compagnie de *l'Abbé-Mas*, acquéreur et propriétaire de ce domaine ; ces derniers ayant fait diriger les travaux par un autre architecte, furent condamnés à payer 15,000 francs à *Bricard*, pour l'indemniser de ses Plans.

Monuments, Embellissements et Etablissements publics faits et entrepris à Paris, depuis 1800 jusqu'en 1814, avec les capitaux des sommes payées et de celles évaluées pour terminer lesdits travaux ; SAVOIR :

DÉSIGNATION DES TRAVAUX.	SOMMES payées.	DÉPENSES à faire.
En 1802, on commença *le Canal de l'Ourcq*, qui fut presque achevé en 1813, jusqu'au *Bassin de la Villette*, figuré et coté 20 au PLAN DE PARIS ci-joint. De ce bassin, une branche déjà creusée réunira *le Canal de l'Ourcq* à la Seine, près Saint-Denis, et une autre, projetée, joindra cette même rivière au-dessous du pont d'Austerlitz, vis-à-vis le Jardin des Plantes. Ces deux dérivations abrégent la navigation de trois lieues de sinuosité que forme la Seine, de Paris à Saint-Denis, et de tout le temps qu'exige le passage des ponts de Paris. Ces travaux sont évalués 58,000,000, sur lesquels on a payé, ci	19,500,000	
Reste à payer, pour leur achèvement, ci	. . . .	18,500,000
Le Canal de Saint-Maur, sur Marne, à deux lieues au levant de Paris, avec *Moulins* et *Magasins* dudit, pour, ci	7,000,000	1,000,000
Greniers de réserve de la ville de Paris, entrepris sur le terrain de l'Arsenal, pour ci . .	2,500,000	5,500,000
Halle aux Vins, propre à contenir un entrepôt de deux cent mille pièces, commencée sur le port Saint-Bernard, pour ci	5,000,000	7,000,000
Halle aux Grains et Farines, près Sainte-Eustache, pour le rétablissement de sa coupole, en fer fondu, finie pour, ci	800,000	
Halles aux Comestibles. Leur agrandissement nécessaire, depuis la place des Innocents jusqu'à la Halle aux Farines, l'acquisition des maisons et bâtiments à supprimer pour cet objet, pour ci.	3,000,000	9,000,000
Marchés divers, dans l'intérieur de la ville, pour, ci	4,000.000	8,500,000
Cinq nouveaux Bâtiments, entrepris pour le service des Lycées et Académies, pour, ci . . .	1,000,000	3,500,000
Hôtel du Ministre des Relations extérieures, entrepris sur le quai Dorset, dit Bonaparte ; celui disposé pour l'Administration générale des Postes, bâti rue Rivoli, vis-à-vis la place Vendôme, pour, ci	4,000,000	8,000,000
Le Palais Bourbon, dit *du Corps Législatif*; la nouvelle *Église de la Magdeleine*, dite le *Temple de la Gloire*; la colonne de la place *Vendôme*, le *Palais du Commerce* et la nouvelle *Bourse*, entreprise sur le terrain des Filles Saint-Thomas, près le théâtre Feydeau ; *l'Arc de Triomphe de l'Étoile*, en haut des Champs Élysées ; *l'Obélisque du Pont-Neuf*, la *Fontaine de la Bastille*, dite *de l'Éléphant* : pour tous ces objets, ci	12,000,000	22,600,000
Le Palais des Archives, et celui *de l'Université*, entrepris sur le nouveau quai de l'isle des Cygnes, près le Champ de Mars. Le premier ne doit être construit qu'en pierre et en fer, afin d'être garanti de tout incendie, pour, ci	2,000,000	18,000,000
Le Palais du Louvre, pour sa confection, ci	22,400,000	
Le Palais des Tuileries, ou *Nouvelle Galerie du Nord*, commencée de ce côté, pour, ci . . .	8,500,000	
Le Palais de Rome, commencé vis-à-vis du Champ de Mars, côté opposé à la rivière, au bas de Chaillot	3,000,000	17,000,000
La restauration et *l'embellissement* du Palais de l'Archevêché, des Églises Saint-Denis et Sainte-Géneviève, pour, ci	6,800,000	700,000
Abatoires pour le service des Boucheries de Paris, cinq vastes bâtiments avec leurs accessoires, construits aux diverses extrémités de la ville, pour, ci	7,000.000	6,500,000
Ponts d'Austerlitz, *d'Iéna* et *des Arts*, faits et confectionnés pour, ci	9,000,000	1,100,000
Quais et *Ports* avec leurs accessoires, pour, ci	12,000,000	3,000,000
Aqueducs souterrains des rues Saint-Denis et Rivoli, joints aux conduits en fonte pour les eaux des fontaines, et *Travaux divers* dans l'intérieur de la ville, non cités, ci . . .	15,000,000	

NOTA. Nous reviendrons sur ces articles, que nous avons simplifiés en ce moment, en avertissant que tous ces travaux ont été suspendus par suite de la guerre extraordinaire de toutes les Puissances coalisées contre la France, qui replaça la famille *De Bourbon* sur le trône, le 5 avril 1814.

SOUS LOUIS XVIII.

Ce Prince, frère de *Louis XVI*, naquit le 17 novembre 1755 : il s'était réfugié à l'étranger, depuis 1791, et de retour à Paris, au mois de juin 1814, il prit les rênes du Gouvernement français.

Le Château de Versailles, abandonné depuis 1789, a été un des objets qui a d'abord fixé l'attention de S. M. Elle a ordonné que l'on continuât les travaux commencés pour sa restauration, en 1812, sous *Napoléon Premier*; elle a également ordonné la continuation du nouveau *Pont de Sèvres*, sur la Seine, entre Versailles et Paris, commencé en 1809.

La statue *d'Henri IV*, en côté du milieu du Pont-Neuf, qui avait été détruite en 1792, a aussi fixé l'attention de S. M. Des souscriptions volontaires et en quantité ont été réalisées à ce sujet. Le plan pour élever la statue de *Louis XVI*, au milieu de la place Louis XV, a été adopté. Le Roi a aussi rendu une ordonnance en date du 18 février 1815, par laquelle il créait *une Intendance générale des Arts et Monuments*, qui est demeurée sans effet.

BUONAPARTE, devenu Souverain de l'île d'Elbe, en partit le 26 février 1815, et débarqua le 1.er mars suivant à Cannes, près Antibes. Arrivé à Paris le 20, il réorganise son gouvernement, convoque les Chambres en assemblée au Champ-de-Mars, sous le nom de *Champ de Mai*, où il présente une Constitution imparfaite ; va aux frontières du Nord et revient à Paris après la bataille du Mont-St.-Jean, en juin 1815 ; abdique de nouveau en faveur de son fils, qu'une partie des Chambres adopte, et quitte la France. S. M. LOUIS XVIII, qui s'était retiré dans la Belgique, revient de suite dans sa capitale avec les Empereurs de Russie, d'Autriche, le Roi de Prusse et autres princes souverains. Pour la seconde fois, il s'occupe des conditions de paix et des moyens de la continuation des grands travaux des monumens publics qui viennent d'être cités, ainsi que plusieurs autres qui vont être désignés dans la *note* qui suit, lesquels s'achèveront sans doute pour le bonheur et la gloire des FRANÇAIS.

NOTE DE L'ÉDITEUR

SUR QUELQUES ARTICLES

DES EMBELLISSEMENS DE PARIS,

Avec Précis de ceux nouvellement exécutés et projetés dans cette grande ville.

En 1804, nous proposâmes de faire, 1°. plusieurs nouvelles *rues et places* dans les différens quartiers de cette ville, principalement aux endroits indiqués par des lignes et cercles ponctués au Plan ci-joint; 2°. le pont de l'*Hôtel-de-Ville*, projeté, coté 7 au plan annexé au présent; 3°. celui de l'*Archevéché*, coté 8 au Plan *idem*, pour établir une communication directe des faubourgs Saint-Marceau et Saint-Victor à celui du Temple, par la Cité et le Marais; (en 1807, nous avons signé, avec un ex-Ministre plénipotentiaire (Soulavie) une association à ce sujet) (1); 4°. un autre *pont*, d'une seule arche, de la pointe de l'île Louvier au quai Morland, près l'Arsenal, côté de l'Est; 5°. réunir cette même île, *coté V idem*, à celle de Saint-Louis; 6°. rendre navigable le bras de la Seine, quai des Augustins, dit la Vallée; 7°. un *pont* ou un *bac* et une *Chaussée*, projetés, au-dessous du village du Point-du-Jour, l'endroit coté *AA* au plan *idem*, vis-à-vis de la route de St.-Cloud, dit de la Reine: cette chaussée, route ou boulevards, plantés de deux avenues d'arbres, se prolongeraient suivant les lignes ponctuées et cotées *AAA idem*, traversant la plaine de Grenelle, Vaugirard, les faubourgs d'Enfer, Saint-Jacques et Saint-Marceau, jusqu'au pont de l'*Est* projeté, *coté* 19 *idem*, au-dessus de l'Hôpital général, dit de la Salpétrière, vis-à-vis le grand chemin et boulevard de la dixième clôture, commencé en 1813, qui, d'un côté, irait joindre les barrières de Charenton, Reuilly, Picpus, Saint-Mandé et du Trône; et de l'autre, le pont de l'*Ouest*, *coté* 17 *idem*, et projeté, au bas de Passy (2); lesquels ponts, ci-dessus cités, établiraient une communication directe de tous les départemens de la Champagne, de la Lorraine et d'une partie du midi, à ceux de la Normandie, du Perche, du Maine, de l'Anjou et la Bretagne, sans être obligé de traverser Paris, et, par ce moyen, en éviter les embarras aux barrières, pour les *passes-de-bout*.

Enfin, il embellirait ces mêmes faubourgs, de manière à les rendre aussi agréables et commerçans qu'ils sont aujourd'hui inabordables pour le commerce de roulage, n'y ayant que des rues étroites à monter ou à descendre; et les nouveaux ponts, chaussées et boulevards étant ainsi établis, avec la rue d'*Ulm*, commencée, qui doit communiquer du Panthéon au boulevard du Midi, en passant par le jardin du Val-de-Grâce, faubourg St-Marceau, rendrait tous ces quartiers de la Capitale aussi actifs pour le commerce, qu'ils sont susceptibles de l'être par leur grande population et le nombre d'ateliers de toute espèce qui y sont établis, observant que *Venise*, qui n'est pas moitié de Paris, a plus de *trois cents ponts*, si bien construits,

---

(1) M. Soulavie a proposé de faire une nouvelle *rue du quai d'Orsay*, qui traverserait tout le faubourg St.-Germain, depuis ce quai jusqu'à la demi-lune des avenues des Invalides et de l'Ecole militaire. Cette direction se prolongerait, par une nouvelle avenue, jusqu'à Vaugirard, le tout suivant les deux lignes ponctuées au Plan ci-joint. Observant que ce quartier n'a que la rue du Bac pour communication directe du nord au midi; une *nouvelle route* qui traverserait la Beauce, pourrait être formée de ce côté, suivant cette même direction, et joindre celle d'Espagne à Bonnevalle et Châteaudun, département d'Eure et Loir, passant par Vove en Beauce, Vendôme et Tours.

(2) Auquel celui nouvellement bâti vis-à-vis le Champ-de-Mars, que les Prussiens ont cherché à détruire en 1815, peut maintenant suppléer, ainsi qu'une *nouvelle route* de ce dernier, en ligne directe à celui de Neuilly, en traversant le bois de Boulogne, au moyen de la continuation des déblais commencés entre Chaillot et Passy, lesquels déblais serviraient à faire les remblais nécessaires côté opposé, et de l'emplacement du ci-devant île des Cygnes, dont les terrains pourraient être ensuite vendus avantageusement, pour y bâtir diverses maisons ou établissemens publics ou particuliers.

qu'ils n'empêchent nullement la navigation sur des canaux bordés de superbes avenues d'arbres qui en font l'admiration.

On pourrait ainsi faire la plantation de plusieurs avenues et chaussées dans la plaine de Grenelle, qui conduirait des différentes barrières du faubourg Saint-Germain et du Gros-Caillou au *pont coté AA*, projeté, suivant les lignes cotés *B. C. D.* et *E.*, avec un nouveau *Cours*, semblable à celui dit *la Reine*, côté opposé, sur le bord de la *Seine*, ce qui formerait bientôt de nouveaux *Champs-Elysées*, et serait digne d'accompagner l'ensemble des palais *des Arts*, *des Archives et de l'Université*, dont les dispositions ont été commencées à cet endroit en 1812, joint au pont nouvellement établi vis-à-vis le Champ-de-Mars, nommé *Jéna*, maintenant des *Invalides*, dont deux avenues ou routes peuvent être formées en ligne directe, l'une d'un côté, jusqu'au pont de Neuilly, et de l'autre, en contournant le Champ-de-Mars et l'Ecole Militaire, jusqu'à la barrière d'Enfer, au point de rencontre de celle du Luxembourg à l'Observatoire, en contournant également cet édifice, comme le tout est figuré au plan ci-joint.

Articles proposés en 1803 et années suivantes, pour les Embellissemens de Paris, par les Editeurs du Recueil Polytechnique, entrepris, commencés et partie confectionnés depuis cette époque jusqu'en 1817 ;

SAVOIR:

Quartier du Louvre, des Tuileries et de la Place Vendôme.

1°. La suppression du *corps-de-garde* de la barrière des Sergens, et la formation d'un *trottoir* avec *égout* en lieu et place, telle qu'elle a été depuis exécutée en 1804.

2°. La suppression des *maisons et masures* qui entouraient le Louvre, afin de dégager ce monument public, et lui donner tout l'ensemble majestueux dont il pouvait être susceptible, partie exécutée depuis 1804.

3°. L'exhaussement des *quais et ports Saint-Nicolas*, et du *Jardin de l'Infante*, depuis le quai de l'École jusqu'à celui du Pont-Royal, fait en 1808.

4°. L'exhaussement de la rue *Froidmenteau*, avec la formation d'un *égout* dessous, depuis la rue Saint-Honoré jusqu'à la Seine, partie exécuté depuis 1810.

5°. L'ouverture d'une *rue du Louvre* à celle de la Monnaie, en passant à gauche de l'église de Saint-Germain-l'Auxerrois; une autre *rue*, côté opposé, du Louvre aux *Tuileries*; cette dernière, exécutée en 1810, avec les dispositions pour la *suppression* de toutes les maisons et bâtimens existans alors entre ces deux palais, et qu'on a depuis déja démolis en grande partie, à l'effet de former à cet endroit, joint au Carrousel, une *place publique* aussi vaste et aussi majestueuse que celle dite de *Saint-Marc à Venise*.

6°. Une *rue de la place Vendôme* au boulevard des Capucines, et de l'autre, au jardin des Tuileries, côté opposé, exécutée sous les noms de *Castiglione* et de la *Paix*, en 1808.

7°. Le beau, utile et vaste *marché des Jacobins*, fait en 1804, à l'endroit *coté H* au plan de Paris ci-joint, sur l'emplacement de la ci-devant communauté des moines de ce nom, rue Saint-Honoré; marché qui se tenait avant rue de la Sourdière.

8°. La prolongation de la rue *Neuve-Saint-Augustin*, de celle Louis-le-Grand au boulevard des Capucines, faite en 1808.

Divers nouveaux Marchés et Entrepôts de Commerce.

9°. Le beau et utile *Marché couvert à la volaille*, fait en 1810, sur l'emplacement de la ci-devant communauté des Grands-Augustins, quai de ce nom, à l'endroit *coté 40*.

10°. Le *Marché des Carmes*, commencé en 1811, sur l'emplacement de la ci-devant communauté de ce nom, près la place Maubert, et continué en 1817, à l'endroit *coté 41*.

11°. La belle et utile *Halle couverte* ou *Entrepôt des vins et liqueurs*, faite en 1810, entre le port Saint-Bernard et la rue Saint-Victor, *coté* 42 au plan ci-joint, avec une jolie grille non finie, pour sa clôture, et plantation d'arbres au pourtour, qui en font l'ornement et l'agrément.

12°. Le *Marché aux fleurs* en la Cité, avec plantation d'arbres (1), et deux bassins faits en 1810, pour le service de l'arrosement des jours de marché, qui ont lieu les mercredi et samedi de chaque semaine, *idem*, figuré et *coté* ☐ entre le pont au change et celui Notre-Dame, lequel se tenait, avant 1808, quai de la *Féraille*, endroit très-passager et très-peuplé, ce qui occasionnait journellement des accidens et embarras très-fréquens. M. *Lenoir*, architecte, a renouvelé aussi l'utilité de cet établissement en 1806.

13°. Le *Quai Desaix*, qu'on peut nommer du Marché-aux-Fleurs, entre ce même marché et la Seine, depuis le pont Notre-Dame et celui au Change, en place des maisons que la ville avait acquises pour cet objet en 1788, à l'effet d'être supprimée pour cet objet, exécuté en 1810, sous la direction de l'ingénieur *Desmoustiers*.

Ponts divers, nouvellement proposés, entrepris et terminés.

14°. *Pont de Sèvres*, construit en pierres en 1813, route de Versailles à Paris, pour suppléer à celui bâti en bois, qui coûtait considérablement d'entretien.

15°. *Pont de Choisy*, bâti en bois et en pierres en 1810, à 2 lieues de Paris, sur Seine.

16°. *Pont de Besons* sur Seine, près Argenteuil, bâti en bois et pierres en 1811.

17°. *Pont du Jardin du Roi*, proposé à faire en 1788 sous le nom de *Pont-Désiré*, vu que le plan, depuis 1715, en avait été conçu et renouvelé à diverses époques, comme étant d'une nécessité publique pour le commerce général : il a été entrepris en 1803, sous le nom d'*Austerlitz*, qui est celui d'une bataille gagnée par les Français contre les puissances du nord ; il est bâti en pierres et ceintré en fer, par une compagnie, moyennant un droit de péage pour trente années, suivant les plans dirigés par l'ingénieur *Desmoustiers*, déjà cité, et *Lamandé* fils, avec un chemin de hallage pour le service de la navigation, qui mérite d'être vu, ainsi que celui du *pont du Champ-de-Mars*, bâti en 1809, par le même.

17°. bis. *Pont des Arts*, ceintré en fer, bâti vis-à-vis le Louvre, en 1803, à l'endroit *coté* 14 *idem*, dirigé par l'ingénieur *Dillon*, suivant les dessins de M. *de Cessart*.

La Cité, Rues, Quais, Avenues, Boulevards et Places.

18°. Une *rue du pont du Jardin du Roi* à la grande rue du Faubourg Saint-Antoine, suivant la direction figurée au plan ci-joint, laquelle pourrait être prolongée en ligne directe jusqu'à l'église Sainte-Marguerite, *coté* 61, et continuerai jusqu'au boulevard de la *IX*^me. *clôture* de la ville, soit à droite, soit à gauche de la barrière des Rats, suivant les quatre lignes ponctuées et figurées au plan *idem*, ce qui procurerait une communication générale et nécessaire pour faciliter le commerce de ce faubourg avec celui de Saint-Marceau, dont leur étendue et population ont maintenant droit d'espérer, par la confection du *pont du Jardin du Roi* qui vient d'être cité.

19°. *Place et Fontaine du Châtelet*, établies et formées à l'endroit *coté* 52, faites en 1807, sur l'emplacement des maisons supprimées en 1788 et années suivantes, vis-à-vis le pont au Change et la rue Saint-Denis, de manière à établir une communication directe dont cette rue était privée jusqu'alors de tous les quartiers du midi de la ville, aussi urgente que nécessaire, en raison de sa grande population et de son commerce.

20°. La *suppression de toute les maisons et bâtimens* existans alors, tant sur les ponts divers que sur le bord de la rivière de Seine, dans l'intérieur de la ville, conformément à l'arrêt du Conseil d'état du roi *Louis XVI*, rendu et publié en 1783 et 1785, entr'autres le *pourtour* de l'ancienne ville, nommé *Lutèce*, et maintenant la *Cité* ; cette partie de la ville, où les embellissemens ont été commencés en 1786, 87, 88, 89 et 1790, époque où on a fait et confectionné les maisons et bâtimens actuels de toute la rue de la

---

(1) Dont l'entretien paraît être grandement négligé, puisque sur 216, il en est péri 20, qui ne sont pas encore remplacés, en juin 1817.

(6)

Bariellerie, avec la *trop petite place et la belle grille* du palais des Marchands, dit maintenant de Justice, qui a aussi été restauré et embelli à ces mêmes époques. Cette *grille*, qui a été dégradée par les révolutionnaires de 1792, peut être considérée comme un chefd'œuvre de *l'art de la serrurerie*; elle mérite d'être vue avec les maisons et bâtimens ci-dessus cités, qui forment un ensemble de plus de 600 croisées de face, le tout bâti avec architecture régulière, dont les travaux ont été en partie dirigés par M. *Lenoir*, architecte.

Depuis 1804, on a continué les travaux nécessaires aux embellissemens de ces mêmes quartiers, des côtés du *nord-est et sud-est*, formant l'enceinte de la cathédrale, avec des grilles élégantes pour la clôture des propriétés diverses, donnant sur les nouveaux quais, où des trottoirs, du côté de la rivière, ont été établis pour les gens de pied, qui, avec le jardin de l'Archevêché, qu'on a restauré, ainsi que les bâtimens, font présentement l'admiration publique, en comparaison de l'affreux cloaque que cet endroit représentait autrefois, ainsi que le *quai Saint-Michel*, qu'on a nouvellement établi en 1812.

Quartiers du Luxembourg, l'Observatoire et le faubourg Saint-Marceau.

21°. *L'avenue du Luxembourg à l'Observatoire*, en contournant ce dernier édifice public, à l'endroit coté *f* au plan ci-joint, de manière à rejoindre les boulevards de la neuvième clôture, près la barrière d'Arcueil, avec une place au point de rencontre de la prolongation de l'avenue de *Saxe*, de l'Ecole Militaire à ce même endroit, dont la direction peut se continuer du côté opposé, jusqu'au superbe *pont de Neuilly*, comme il est déjà cité d'autre part, ce qui faciliterait et augmenterait considérablement le commerce de ces divers quartiers et principaux faubourgs de la capitale.

22°. Un *boulevard pour la dixième clôture* de Paris, commencé en 1813, depuis la barrière des Gobelins, route de Fontainebleau, à celle de la Garre, au-dessus de l'Hôpital général, dit de la Salpétrière, lequel aboutirait vis-à-vis le pont de l'*Est*, à l'endroit déjà cité, coté 19 *idem*.

23°. La formation d'une *place* vis-à-vis le beau *portail de Saint-Sulpice*, avec une fontaine au milieu (1), et d'un genre aussi majestueux qu'il convient à sa situation, et que cette nouvelle place exige à raison de sa grandeur et des monumens qui l'avoisinent; terminé en 1810, sur l'emplacement du ci-devant grand séminaire de Saint-Sulpice, démoli en 1798.

24°. L'ouverture de la rue de *Seine à celle de Tournon*, faite en 1812, pour établir une communication directe du palais du Luxembourg à celui du Louvre, par le pont des Arts; ce dernier fait en 1804.

Nota. Tous ces vingt-quatre articles des embellissemens désignés pour Paris, maintenant entrepris et presque confectionnés, sont bien plus amplement détaillés dans le *Recueil polytechnique* déjà cité, et duquel nous nous félicitons d'avoir provoqué la publication pour leur confection, malgré les critiques et entraves qu'éprouvent ordinairement les *auteurs* d'objets semblables, et que les méchans ont l'habitude de troubler dans de pareilles circonstances, lesquels méchans nous avons résolu de laisser en oubli (2), comme étant satisfait par nous-même du bien général dont nous étions persuadé qui résulterait de la confection de tous ces divers établissemens, tant pour le commerce que pour des millions d'ouvriers et pères de familles, de tous les arts et métiers, que cela soustrait à la paresse et à la mendicité. (*Voyez le Traité sur le Commerce, par* Child *et* Culpeper).

---

(1) Qu'on a établi en 1810, mais dans un genre si mesquin, qu'il ne répond nullement à sa situation.

(2) S'non les personnes qui nous sont comptables, tant des fonds et deniers qui leur ont été confiés, que de ceux qu'ils ont reçu de nous, soit par mission ou autrement et volontairement, pour nous être remis relatif, et concernant l'entreprise ou livraisons des éditions précédentes de l'*ouvrage d'art* dont il s'agit.

Observant que le nommé F***, a su profiter de quelques troubles suscités par les méchans, pour se soustraire depuis quelque temps à nous rendre compte des deniers qui lui ont été confiés à ce sujet.

Nous réservant tous droits et actions envers qui il appartiendra pour obtenir le recouvrement de ces mêmes fonds et deniers en temps et lieu, avec dommages et intérêts, suivant la loi.

Enfin, nous terminons cet article, en réitérant ce que nous avons déjà osé publier, que *nous espérons*, pour *l'honneur et la gloire des Français*, que tous ces grands travaux d'objet d'utilité publique, se continueront et se confectionneront pour le *bonheur et la prospérité de ce vaste État européen*, observant ce qu'un législateur, a dit :

> *L'homme qui travaille*
> *Ne pense pas plus à faire du mal*
> *Qu'à mendier la faveur de personne.*

Précis des nouveaux embellissemens et établissemens publics entrepris et partie confectionnés à Paris, depuis 1804, dont les éditeurs du Recueil polytechnique, mentionné d'autres parts, n'avaient pas prévus dans leurs plans qu'ils ont publié à cet effet les années précédentes ;

SAVOIR :

1°. L'établissement d'un *Grenier d'abondance* sur une portion du terrain de l'Arsenal, dont les dépenses sont évaluées à 8 millions 80 mille francs, commencé en 1808, et presque terminé en mai 1817, époque où les travaux ont été poussés avec rapidité, à l'endroit *coté* 47 au plan ci-joint, suivant les dessins de l'architecte *Delanoy*.

2°. Cinq *Abattoirs*, commencés en 1809, aux endroits *cotés* 32, 38, 44, 50 et 55 *idem*, où de vastes bâtimens sont presque terminés pour le service des tueries et boucheries de Paris, dont les dépenses sont évaluées à 13 millions 500 mille francs, suivant les données de M. *Gaucher*, architecte, détaillé dans le deuxième volume du Recueil polytechnique, ci-devant parlé. Ceux du Roule, Montmartre et Ménil-Montant méritent d'être vus.

3°. En 1810, *cinq vastes Marchés* couverts, destinés à la vente des denrées diverses ; savoir : le premier, sur l'emplacement de l'ancienne foire *Saint-Germain*, à l'endroit *cotté* 39, qui mérite d'être vu, quoique non fini, mais continué, *béni* et *ouvert* le 31 mai 1817.

4°. Le deuxième, sur une partie de l'abbaye *Saint-Martin*, rue de ce nom, avec trois fontaines terminées, sinon celle du milieu, à l'endroit *coté* 57 *idem*.

5°. Le troisième, *enclos des ci-devant Filles de Saint-Gervais*, vieille rue du Temple, vis-à-vis celle des *Blancs-Manteaux*, continué en 1817, mais non fini, à l'endroit *coté* 49, *id*.

6°. Le quatrième, où existait quantité de maisons acquises par la ville, démolies et supprimées à cet effet, *rue des Prouvaires*, *près Saint-Eustache*, à l'endroit *coté* 53 *idem*, et dont les travaux sont continués avec rapidité, en juin 1817, par une nouvelle adjudication.

6°. *bis*. Le cinquième, sur l'emplacement du ci-devant *enclos du Temple*, destiné à la vente de toute espèce de friperie et vieux meubles, à l'endroit *coté* 58 *idem*.

7°. D'un *Hôtel pour le Ministre des Relations extérieures*, sur des terrains divers, qui servaient précédemment de chantiers de bois à brûler, entre la rue de l'Université et le quai d'Orsay, commencé en 1812, et continué en 1817, à l'endroit *coté* 64 au plan ci-joint (1).

7°. *bis*. Le *Collége d'Harcourt*, vendu en 1794, a été acquis en 1809 par le Gouvernement, qui, en 1813, a fait l'entreprise de quatre vastes corps de bâtimens au moyen des propriétés voisines réunies, le tout destiné à *l'École Normale*, rue de la Harpe, endroit *coté* 59.

Fontaines publiques et Bassins divers.

8°. Une superbe *Fontaine* ou *Château d'eau*, avec bassin, cascades et figures, au boulevard Bondy, près celui du Temple, à l'endroit *coté* 51 *idem*, méritant d'être vue, faite en 1812. Une autre Fontaine sous le nom du général Desaix, place Dauphine, en 1802.

9°. Un *Bassin* avec jets d'eau en forme de gerbes de bled, au milieu de la *place Royale*, où était, avant 1793, la statue équestre de Louis XIII, détruite en 1792, à l'endroit *coté V*.

---

(1) C'est de cet endroit que M. l'abbé de SOULAVIE, déjà cité, a proposé de faire une nouvelle rue et chaussée pour le service commercial de la route d'Espagne à Paris, passant par Vaugirard.

(8)

10°. Une *Fontaine* avec bassin et cascades, sur une portion du terrain des ci-devant Cordeliers, rue de l'École de Médecine, *coté q, idem* (1).

11°. Une *Fontaine* avec bassin, au Gros-Caillou, vis-à-vis l'hospice des Gardes-Françaises.

12°. Une *Fontaine* avec bassin, et vase au milieu, *place de l'École*, vis-à-vis la rue de l'Arbre-Sec, près le Pont-Neuf.

13°. Une *Fontaine* avec bassin, au milieu de l'esplanade des Invalides, avec un piedestal où avait été placé le *lion de St-Marc*, provenant des victoires remportées par les Français en Italie, et que les Alliés ont repris en 1814.

14°. Une *Fontaine* à la *pointe Saint-Eustache*, le tout terminé et confectionné, ainsi qu'une infinité d'autres qui nous ont parues ne pas mériter description, quoiqu'elles soient également d'une utilité générale et particulière à tous les habitans de cette grande ville, dans les divers quartiers où elles sont établies, et dont la nécessité publique exige que le *nombre* soit encore *considérablement augmenté*.

15°. On a commencé l'entreprise de l'établissement d'une *vaste Fontaine* avec bassin, cascade et château d'eau, nommé l'*Eléphant* sur l'*emplacement de la ci-devant Bastille*, à l'endroit *coté* 25 *idem*, vis-à-vis la place du boulevard et porte Saint-Antoine, où d'immenses travaux ont été entrepris et continués depuis 1810, qui, quoique non terminés, n'en méritent pas moins l'attention publique, comme devant faire partie des attributions et ornemens du grand Bassin et Garre pour *entrepôt du commerce* que doit procurer à cet endroit la confection du canal de l'*Ourcq*, mentionné d'autres parts, dont les dépenses faites sont évaluées à 20 millions, et celles à finir à 18.

16°. *Boulevard Bourdon*, de celui Saint-Antoine au *quai Morland*, fait en 1806, entre le Grenier d'abondance et les fossés dits de l'Arsenal, limite de la VIIᵉ. clôture de Paris, endroit maintenant destiné à recevoir les eaux du canal de l'Ourcq, déjà cité.

Palais divers et autres Monumens publics.

17°. Le *Palais du Luxembourg*, maintenant des *Pairs*, a été restauré en son entier, avec son vaste et magnifique jardin, considérablement agrandi et embelli au moyen de l'enclos des ci-devant Chartreux, qu'on a réuni en 1808, suivant les plans et dessins de M. *Chalgrin*, architecte. En 1817, on a bâti la *chapelle expiatoire* de Louis XVI, près l'endroit *coté F id.*

18°. Le *Palais des Tuileries* et son jardin majestueux a aussi été restauré et enrichi d'une infinité d'attributs et d'ornemens, joint à la nouvelle galerie, côté du nord, qui a été commencée et partie confectionnée, dont les dépenses sont évaluées à 8 millions 500 mille francs.

19°. Le *Palais du Louvre* a été continué et les travaux presque terminés, et tout son *comble avec la charpente*, refait à neuf, avec beaucoup de changemens dans son architecture, côté du Carrousel, dont les dépenses ensemble sont évaluées à 22 millions 400 mille fr.

20°. Le *Palais du commerce*, où doivent s'installer les *juges* de cette partie, ainsi que la *Bourse*, pour fixer le cours des diverses marchandises et objets de négociations, a été commencé et presque achevé sur l'emplacement de la maison conventuelle des ci-devant Filles-Saint-Thomas, entre la rue de ce nom et celle Feydeau, à l'endroit *coté* 54 *idem*.

21°. Les *Palais des Arts*, de l'*Université* et des *Archives*, ce dernier ayant été désigné pour être construit tout en pierres et en fer seulement, afin de prévenir tout événement en cas d'incendie, pour lesquels des travaux de terrassement et approchement de matériaux ont été commencés en 1813, sur l'emplacement de l'île des Cygnes, près le Gros-

---

(1) Le modèle d'architecture de cette Fontaine pourrait être suivi pour la construction des maisons ou bâtimens particuliers qui sont susceptibles d'être faits depuis cet édifice jusque vis-à-vis la rue Hautefeuille, en suivant le même alignement, et de manière à former une place entre cet édifice et l'École de Médecine, dont l'ensemble de ces bâtimens majestueux ont le droit d'exiger, au lieu et place des baraques qu'on a bâti en 1813, et trop avancées sur la rue, avec celle Hautefeuille, qui pourrait être continuée jusqu'à celle des Fossés-Monsieur-le-Prince, vis-à-vis celle Racine, ainsi que nous l'avons déjà proposé en 1804 et 1807,　　　M. B. A. H. D.

(9)

Caillou, aux endroits *cotés* 36, 37 et 56 du plan *idem;* les dépenses faites sont évaluées à 2 millions, et celles pour terminer, à 18.

22°. Le *Palais* dit *de Rome,* pour la disposition duquel des grands travaux de terrassement ou déblais, avec approchement de matériaux, ont été commencés en 1812 et 1813, au nord du pont nouvellement construit vis-à-vis le Champ-de-Mars, sur l'emplacement de plusieurs maisons de communautés, réformées en 1789, ainsi que des maisons et jardins particuliers, entre Passy et Chaillot, à l'endroit *coté* 33, et dont les dépenses faites sont évaluées à 3 millions, et celles pour terminer, à 17, *idem.*

23°. Le *Palais Bourbon,* construit en 1722 par ordres du *Prince Condé,* où depuis 1794 ont siégé les diverses assemblées des Députés des départemens, sous différentes dénominations, ci-après citées, pour lesquelles on a fait, en place du grand *salon,* une vaste *salle;* on a de plus fait des *travaux* considérables pour les changemens, entrepris avec grande dépense, sous la direction de l'architecte *Poyette,* qui y a fait entasser des énormes masses de pierres sculptées, avec des colonnes, pour la formation d'un portique, bâti en 1807, vis-à-vis le pont Louis XVI, qui fait son principal ornement, avec les statues de quatre hommes célèbres, *Sully, Colbert, d'Aguesseau* et *l'Hôpital.*

24°. L'*Hôtel des Postes générales,* commencé en 1810, et très-avancé en 1815, sur une portion des emplacemens de la ci-devant communauté dite des Capucins Saint-Honoré, formant l'encoignure des rues de Castiglione et de Rivoli déjà citées, entre la place Vendôme, et le jardin des Tuileries, ayant plus de 500 pieds de façade au nord et au midi.

25°. La *Colonne de la place Vendôme,* exécutée en 1808, suivant le modèle de celle de *Trajan,* a 136 pieds de hauteur, à l'endroit *coté* G *idem,* en place de la statue équestre de Louis XIV, détruite en 1792.

26°. *Aqueduc souterrain* de la rue de Rivoli, fait en 1808, de manière à recevoir les eaux pluviales de ce nouveau quartier, par des soupiraux qu'on y a établi de distance en distance, afin d'empêcher les effets d'amas d'immondices et de boues, et de lui procurer toute la propreté dont il est susceptible. Les dépenses terminées sont évaluées à 2 millions.

27°. *Aqueduc de la rue Saint-Denis,* fait en 1809, de manière à servir, d'une part, pour recevoir l'écoulement des eaux pluviales, et de l'autre, les conduits divers, tant en fonte qu'en plomb, destinés à la conduite des eaux du canal de l'Ourq, nécessaires à alimenter toutes les fontaines publiques et particulières de ce principal quartier de la Capitale, avec des *robinets* placés de chaque côté des maisons, de 50 toises environ de distance en distance; ladite rue a été pavée à neuf, en forme de chaussée, avec revers, ce qui en fait maintenant tous les agrémens et propreté, tant pour les habitans que pour les piétons, en comparaison d'autre fois.

27°. bis. Un *Arc de triomphe,* richement orné, a été entrepris et confectionné place du Carrousel, en 1806, sur les dessins de MM. *Fontaine* et *Percier,* et en partie dégradé en 1814 par les troupes alliées : un autre a été commencé vi.-à-vis l'avenue des Champs-Elysées, près et hors la barrière de l'Etoile, sur les dessins de MM. *Chalgrin* et *Raymond,* non terminé, à l'endroit *coté* □ □ *idem;* enfin celui nommé *Porte-Saint-Denis* a été restauré à neuf, méritant d'être vu comme un véritable *chef-d'œuvre* d'architecture.

Nouvelles rues entreprises et confectionnées.

28°. Rue de *Rivoli,* faite en 1807 (1), entre celle de Saint-Honoré et les Tuileries, depuis

(1) C'est au milieu de cette rue qu'existait, avant 1800 la salle dite du manége, où a siégé l'Assemblée nationale, dite *Constituante,* en 1789, 90 et 91, de même que celle dite *Legislative,* qui lui a succédé en 1792, et remplacée par celle dite la *Convention,* en 1793, laquelle a été s'installer aux Tuileries, où elle s'est séparée en deux assemblées, l'une sous le nom de Conseil des *Anciens,* qui a tenu ses séances jusqu'en 1800, époque où ce même Conseil a été s'installer au Palais-Royal, sous le nom de *Tribunat,* et celui des Cinq cents, nommé alors *Corps legislatif,* au Palais Bourbon, lieu où cette dernière assemblée a continué jusqu'à ce jour 1817, à y tenir ses séances, tant sous ce dernier nom que sous celui de *Chambre des Députés* : c'est dans ce même et dernier endroit qu'a résidé l'administration et direction générale des Ponts et Chaussées, depuis 1804 à 1815, époque où S. A. S. Mgr. le *Prince de Condé,* qui en est le propriétaire, a de nouveau fixé sa résidence.

le Carrousel jusqu'à la place Louis XV, avec une jolie grille à flèches dorées, formant la limite, côté du midi, des maisons avec arcades régulières, côté opposé, commencées, mais non encore finies, dans la longueur de plus de 500 toises, ce qui rendra *cette même rue* l'une des plus belles et des plus agréables de Paris, par l'ensemble du Palais et du Jardin magnique du Gouvernement, qui l'accompagne.

29°. *Rue de Fleurus*, de celle Notre-Dame-des-Champs au Jardin du Luxembourg.

30°. *Rue de l'Ouest*, de plus de 500 toises en ligne directe, de celle de Vaugirard au carrefour et nouvelle place de la Bourbe, près celle d'Enfer, suivant le plan de l'architecte *Chalgrin*.

31°. *Rue de l'Est*, côté opposé, longeant celle d'Enfer, non finie, sans doute pour quelques motifs d'intérêt particulier, que le ministère public, il faut espérer, saura bientôt lever, de manière à ce que les propriétés des terrains qui y aboutissent, propres à y bâtir des maisons, se disposent à rendre ce quartier moins désert et plus commercial qu'il ne l'a été jusqu'alors, ayant d'autant plus l'avantage de posséder la chute et communication de toutes les routes principales du midi par celle d'Orléans.

32°. *Rue du Val-de-Grâce* à celle d'*Est*, ci-dessus citée, par la rue d'Enfer.

33°. *Rue des Ursulines*, de celle Saint-Jacques à celle d'*Ulm*, faubourg Saint-Marceau.

34°. *Rue de la Visitation*, de celle d'Ulm à celle Saint-Jacques.

35°. *Rue de Monsieur*, du Jardin du Luxembourg à celle Notre-Dame-des-Champs.

36°. *Rue de Clovis*, de celle Mouffetard à celle des Fossés-St.-Victor, disposée à joindre, côté opposé, la place et carrefour de Saint Etienne-du-Mont.

37°. *Rue de l'Entrepôt*, commencée, de celle Saint-Victor au port Saint-Bernard, pour le service des nouvelles halles ou entrepôt de vins et liqueurs, bâties en cet endroit, mais non finies.

38°. *Rue de Poissy* et celle de *Pontoise*, du port aux Tuiles à la rue Saint-Victor, passant au long de la halle aux Veaux.

39°. *Rue Monthabor*, de celle Neuve du Luxembourg à celle Castiglione, ci-devant citée.

40°. *Rue Duphot*, de celle Saint-Honoré au boulevard de la Magdeleine.

41°. *Rue Richepanse*, de la rue Saint-Honoré à celle Duphot.

42°. *Rue et place neuve de Saint-Roch*, vis-à-vis l'église de ce nom, aux Tuileries.

43°. *Passage Delorme*, même endroit, rue S.-Honoré, méritant d'être connu, par l'avantage du revenu que le propriétaire a su améliorer avec élégance et propreté pour le commerce.

44°. *Rue du Petit-Thouar*, près le Temple, au Marais.

Rue Neuve-du-Pont-Marie à celle Saint-Victor, projetée.

Enfin, s'il existe un endroit dont la nécessité publique, pour la libre circuculation des affaires commerciales, mérite l'attention de la haute administration du Gouvernement, c'est l'ouverture d'une rue du *Pont Marie* à la rue Saint-Victor, et dont la direction pourrait être prolongée jusqu'au Boulevard et Barrière neuve, dite de la *Santé*, en traversant tout le faubourg Saint-Marceau, et de l'autre côté opposé, continuer celle des *Nonaindières* jusqu'au carrefour des rues Saint-Louis au Marais, Ménil-Montant, rue Neuve-Ménil-Montant, de Bretagne, Boucherat et des Filles du Calvaire, même quartier, ainsi que le tout est indiqué et figuré par des lignes ponctuées, au plan *idem*, de même qu'une infinité d'autres rues et places publiques, qui sont d'une semblable utilité, également commencées et projetées dans cette grande ville, dont la description serait trop longue pour entrer dans cette feuille.

P. S. Par ordonnance du 19 janvier et du 14 février 1816, Sa Majesté a prescrit l'achèvement de l'église de la Magdeleine, avec plusieurs monumens expiatoires au souvenir des Princes et Princesses qui ont été victimes pendant le cours de la révolution; 2°. le rétablissement des statues en marbre de Louis XIII, Louis XIV et Louis XV, en lieux et places qu'ils ont été avant 1792; 3° douze autres statues des Grands Hommes, pour la décoration du pont Louis XVI, suivant les plans du célèbre *Perronnet*, présenté à cet effet en 1788, qui sont: Bayard, Condé, Colbert, Duguesclin, Duguay-Trouin, Richelieu, Sully, l'abbé Suger, Suffren, Tourville et Turenne.

<hr>

De l'Imprimerie de DOUBLET, rue Gît-le-Cœur, n°. 7.

PRÉCIS HISTORIQUE

DES CANAUX

DE L'OURCQ, DE SAINT - DENIS ET DE SAINT - MAUR, A PARIS;

Avec les noms des Auteurs et des Magistrats qui se sont occupés de ces objets, et les discussions et contestations qui ont eu lieu à ce sujet, depuis 1520 jusqu'à ce jour;

Accompagné d'une Carte géographique gravée géométriquement, où ces divers Canaux sont figurés et enluminés ;

NOUVELLE ÉDITION,

Par M. B. A. H. DE VERT, Architecte.

CE fut sous *François Ier*, en 1520 et années suivantes, que le prevôt des marchands et les échevins de la ville de Paris, remplissant à cette époque les fonctions de maire et *d'officiers municipaux*, s'occupèrent pour la première fois du plan proposé du canal de l'*Ourcq*, nom d'une rivière qui prend sa source dans une *fontaine* située dans la *forêt de Ris*, près les villages de Courmont et Frêne, frontières du département de l'Aisne et de la Marne.

L'*Ourcq* passe ensuite à Ciergers, La Fère, Entardenois, Valchrétien, Armantiers, Pont-Saint-Bernard, Vichel, Montgruy, Pont-Périgny et la Ferté-Millon, rivière qui tombe dans la Marne, au-dessous de Lizy.

En 1590, sous *Henri IV*, dit *le Grand*, père du peuple, ami des *arts*, de l'*agriculture* et du *commerce*, on renouvela le plan de l'entreprise du canal de l'*Ourcq*. On proposa de former un bassin de partage à la Ferté-Millon, pour établir un second canal, qui auroit été joindre, d'un côté, l'*Aisne* à Soissons, par la petite rivière d'*Orisé*, et de l'autre, la *Marne*, au-dessous de Lizy, en suivant le cours de la petite rivière de Longpont, près la forêt de Villers-Coterêt, joignant l'*Ourcq* au-dessus de Silly.

Ce grand Monarque a fait faire à cette même époque le beau et utile *canal de Briare*, sur la Loire, à la Seine, par Montargis, premier établissement de ce genre qui ait été confectionné en France. Il avoit fait disposer tous les plans et états pour commencer les travaux du canal de l'*Ourcq*, lorsque l'infâme *Ravaillac* eut la scélératesse d'assassiner ce bon et grand prince, à Paris, rue de *la Féronnerie*, trop étroite à cette époque, et qui a été élargie depuis au bout de la rue Saint-Honoré, près celle Saint-Denis, événement malheureux pour la France, qui causa la suspension et l'abandon des travaux dudit canal, et une infinité d'autres commencés et projetés dans les diverses provinces, où le nom de ce bon Roi restera éternellement gravé dans l'histoire.

En 1632, sous Louis XIII, Jacques et Louis de Fouligny, Nicolas de Creil, Raimond Massuau, Claude Couturier, Jacques de Montaut et Malvoisne, bourgeois de Paris, obtinrent des lettres-patentes pour rendre la rivière de l'*Ourcq* navigable depuis la Ferté-Millon jusqu'à son embouchure dans la Marne, près de Lizy.

En 1658, sous Louis XIV, ce travail fut terminé le 25 juillet.

En 1661, le sieur Arnaud augmenta la navigation de trois lieues, en remontant depuis la Ferté-Millon jusqu'au Moulin-de-l'Isle, près Cresne.

Cette rivière d'*Ourcq* est si utile, que les marchands l'appellent la petite rivière par excellence.

En 1676, il y eut des lettres-patentes pour l'ouverture d'un canal qui devoit venir de la rivière de l'Ourcq et de la Marne, au-delà de Meaux jusqu'à Paris.

Louis XIV et le grand Colbert trouvèrent tant de grandeur et d'utilité dans cette entreprise, que l'on accorda des lettres-patentes, au mois de juillet 1666, à MM. de Riquet et de Manse; M. le duc d'Orléans donna aussi les siennes, le 20 mai 1677, en raison de ce que la rivière de l'Ourcq, depuis Lizy jusqu'à son embouchure dans la Marne, lui appartenoit comme faisant partie de son duché de Valois.

M. de Manse s'en occupa presque seul, parce que M. de Riquet étoit alors au canal de Languedoc, et M. Manse conduisit le canal depuis Lizy jusqu'à Meaux, ce qui fait à peu près neuf à dix mille toises courantes de canal, et environ quatre lieues, ou 19,490 mètres de longueur.

La mort de M. Colbert, qui arriva à peu près lorsque ces quatre lieues de canal furent finies; celle de M. Riquet, qui arriva vers le même temps; enfin, les guerres continuelles que le Roi eut à soutenir, interrompirent le cours de cette entreprise; mais M. de Manse en conserva toujours soigneusement les plans, cartes, niveaux, titres, mémoires et devis, et regarda toujours ces papiers comme une chose si importante et si précieuse, qu'en mourant, il en fit dépositaire Catherine Talon, son épouse, à qui il ne crut pas pouvoir donner de meilleures preuves de son attachement.

En 1787, sous le vertueux Louis XVI et le ministère du baron de Breteuil, M. Brulé, jadis employé à la charpente du pont d'Orléans, ensuite entrepreneur de bâtimens à Paris, où il a fait celle de l'opéra Saint-Martin en 56 jours, et celle du palais Bourbon, la Comédie-Française et autres, qui lui ont valu, avec une femme riche qu'il a épousé, 80,000 liv. de revenus : M. Brulé, dis-je, imagina de tenter l'entreprise du canal de l'Ourcq, et, à cet effet, fit faire des copies de projets qui avoient déjà été présentés, et les soumit au conseil d'état du Roi; il obtint un arrêté qui l'autorisa à faire l'ouverture de ce canal, sous le nom de Sébastien Job, qu'il avoit pris pour prête-nom, d'après le rapport qui fut fait à ce sujet par MM. Bordas, Lavoisier, Condorcet et Perronnet, membres de l'Académie française.

M. Brulé forma une compagnie sous le nom de Canal-Royal de Paris; il s'aboucha avec MM. Louis-Philippe-Joseph, duc de Chartres, père du duc d'Orléans actuel, le Couteulx, Cabarus, banquier, et le général Paoli.

Cette société devoit faire le versement de vingt millions; mais une contestation s'éleva entre M. Brulé et la compagnie, qui proposa de nommer un ingénieur en chef pour la direction des travaux, à l'effet de balancer leurs intérêts avec ceux du sieur Brulé, nommé directeur-général. Ce dernier vouloit se réserver à lui seul la direction des travaux; la compagnie lui observa que, voulant diriger seul les travaux, il pouvoit seul diriger les finances : la société fut dissoute, et le projet abandonné.

En 1788, les *États-généraux* ayant été convoqués, M. Brulé présenta de nouveau au Roi son projet, qui fut renvoyé à l'examen des ministres.

En 1789, M. Brulé associa à ses intérêts plusieurs personnes, et entre autres, M. Honard, entrepreneur des travaux du Roi, lequel avoit déjà travaillé avec M. Brulé l'année précédente; il le chargea de présenter ses plans et mémoires aux diverses autorités constituées de la capitale, et de leur démontrer les avantages qui résulteroient de l'exécution du canal de l'*Ourcq* ; de sorte qu'il obtint l'adhésion générale des assemblées des sections de Paris et des municipalités des environs.

En 1790, l'année suivante, M. Brulé présenta à l'Assemblée nationale constituante et au Roi Louis **XVI**, son plan général, avec tous les vœux manifestés par les habitans de Paris pour la réussite du canal dont il s'agit.

Un décret fut prononcé par l'Assemblée constituante, et sanctionné par le Roi. qui en autorisa l'entreprise, d'après un rapport qui fut fait à ce sujet par MM. le duc de Liancourt, Pétion, d'Auchy et Boutidoux, tous députés de ladite Assemblée, chargés de l'examen de cet objet.

Ce décret fut affiché par toute la France, et motivé sur l'urgente nécessité de procurer de l'ouvrage à des milliers d'ouvriers qui étoient à cette époque sans moyens d'existence, par l'émigration et suspension des travaux de toute espèce qui eut lieu cette même année dans toute la France.

En effet, il y en eut un si grand nombre, que l'on en comptoit à Paris plus de quarante mille réunis en ateliers dits de charité, à raison de vingt sous par jour : jamais il n'y eut d'époque plus favorable pour l'exécution de ce même canal. M. Brulé avoit fait mettre sur une maison attenant à l'ancien opéra, boulevard Saint-Martin, ces mots : *Administration générale du canal national de Paris*, et employa une infinité de personnes (1) qu'il payoit avec des promesses.

En 1791, l'un d'eux eut des difficultés pour obtenir le paiement d'un mémoire de 4,742 liv. 7 sous 5 deniers (2).

Mais M. Brulé, plutôt que de satisfaire au paiement de ce mémoire, décria ce premier créancier, en disant qu'il dénigroit son projet pour en empêcher l'exécution. L'entrepreneur, muni de pièces qui justifioient bien le contraire, signées de presque tous les présidens et commissaires des sections de Paris, en date du 20 janvier 1791, et de plusieurs députés de l'Assemblée constituante (3) du 25 du même mois, et de plusieurs ingénieurs des ponts et chaussées (4), du 12 février même année.

M. Brulé fut cité à comparoître devant le juge-de-paix Locré (5), qui, le 29 janvier 1791, condamna M. Brulé à payer les 4,742 liv. ci-dessus citées, sauf à déduire les sommes qu'il justifieroit avoir comptées.

M. Brulé interjeta appel, et, complaisamment, l'un des juges (6) du tribunal déjà cité, l'admit au serment, pour affirmer qu'il avoit payé sans quittance.

Mais bientôt la majorité de ces mêmes juges, revenant sur cette erreur, lorsqu'ils virent paroître à leur audience une infinité d'autres réclamations envers M. Brulé, concernant les mêmes objets, ces mêmes juges condamnèrent M. Brulé à justifier de quittances ; de manière que la suite d'une infinité de procès qui lui sont survenus, en recevant jusqu'à cinquante assignations dans un jour, relatives à la même entreprise, a contribué au délabre-

---

(1) Entre autres MM. *Roland*, frère de l'écrivain de ce nom, qui a fait le voyage du Canada ; *Dumas*, Ingénieur *hydraulique*, ex-administrateur du département de Paris ; *Bricard*, Dessinateur : de M. *Ledoux*, Architecte, Directeur de la septième clôture de Paris ; *Bentabolle*, Avocat, ex-Député à la Convention nationale, etc., etc. Ce dernier obtint, le premier, justice du tribunal civil, siégeant au ci-devant Châtelet, qui existoit alors place du pont au Change, et présidé par l'avocat *Oudart*, en 1791, qui condamna M. *Brulé* à payer au sieur *Bentabolle* 1200 francs pour le temps que M. *Brulé* l'avoit employé, relatif aux dispositions de l'entreprise du canal de l'*Ourcq*, dont il s'agit.

Il en fut ainsi pour une infinité d'autres personnes que M. Brulé avoit employées pour le même objet, avec un nombre d'ouvriers de tout état, et dont le détail seroit trop long pour entrer dans cette feuille.

(2) Qu'il doit encore à l'éditeur même.

(3) MM. Pétion, Cossin, Murine, d'Angis de Laforges et Boutidour.

(4) MM. Demoustier, Souhart, Brice, Lescot et Dumoncel, Ingénieurs ; MM. Bricard et Dumas, Architectes.

(5) Ensuite secrétaire-général du conseil d'Etat, depuis 1800 jusqu'en 1815.

(6) Morico, chargé du rapport de cette affaire.

ment de sa fortune, qu'un médecin, devenu son gendre malgré lui (1), a encore consi-dérablement diminué.

M. Brulé, obligé de renoncer à cette entreprise, a ensuite vendu ses droits à M. Sollages, lequel devoit se charger de faire exécuter le projet du canal de l'Ourcq sans qu'il en coûtât rien au Gouvernement. Il paroît, en effet, d'après le rapport de M. Gauthey, inspecteur-gé-néral des ponts et chaussées, imprimé en 1803, que M. Sollages a présenté ses plans au Gouvernement; qu'ils ont été renvoyés à la vérification de l'administration des *ponts et chaussées*; mais que, par suite, les conditions de M. Sollages n'ont pas été acceptées.

Ce fut le 29 floréal an X (20 avril 1801), qu'un arrêté du Gouvernement consulaire ordonna que les travaux de ce canal seroient exécutés pour le compte de la ville de Paris, sous la direction des ingénieurs des ponts et chaussées l'on a pris pour bases le plan de l'ingénieur Bruyère; un impôt additionnel a été ordonné sur les octrois de Paris pour fournir aux dépenses; mais l'ouverture des travaux, commencés sous la surveillance du préfet Frochot, a suscité une contestation à l'égard de *sa direction* et de la *délivrance des bons de paiement*, entre le conseil des ponts et chaussées et l'ingénieur en chef de ce canal (2), qui a suivi un plan tout autre que celui indiqué par l'administration, comme les lecteurs peuvent le voir d'après les extraits des mémoires de MM. Gauthey et Girard, mentionnés aux premier et deuxième volumes du *Recueil polytechnique*, où M. Gauthey traite avec raison le canal d'*Ourcq*, de *canal Rigole*; observant qu'il ne peut passer qu'un bateau à la fois, n'ayant que neuf pieds de large, dans le fond réduit (3). Depuis cette contestation, il paroît que, d'après les observations de M. Gauthey, qui vient d'être cité, on a adopté le plan de manière à donner à ce canal trente pieds de large et 4 pieds 7 pouces de profondeur dans la partie depuis Mareuil jusqu'à Lizy.

M. Gauthey dit également que M. Girard avoit pour toute expérience fait battre quelques pieux aux travaux de la rade de Cherbourg.

M. Girard, pour répondre à M. Gauthey, a fait imprimer un mémoire particulier en 1804, dont voici le résumé.

Résumé de M. Girard.

Je vais rappeler en peu de mots, dit M. Girard, les propositions fondamentales qui ré-sultent de la discussion dont le rapport précédent est l'objet.

1°. Le canal de l'*Ourcq* diffère essentiellement de tous les canaux qui ont été exécutés jusqu'à présent, parce qu'il remplira en même temps les fonctions d'un aqueduc et celles d'un canal de navigation.

2°. Envisagé sous le premier point de vue, le canal de l'*Ourcq* doit amener des eaux salubres dans la capitale; et pour être telles, leur vitesse ne peut être moindre de 35 cen-timètres par seconde.

3°. Considéré comme navigable, le canal de l'*Ourcq* doit conserver, sur toute sa longueur, une hauteur d'eau constante, sans le secours d'écluses ni d'aucun autre barrage.

4°. La plus grande quantité d'eau sur laquelle on puisse compter, pour alimenter ce canal, sera de 13,500 pouces, ou 240,820 hectolitres par 24 heures.

5°. La prise de la rivière d'*Ourcq* sera faite dans le bief supérieur du moulin de Mareuil, à 96 kilomètres de la barrière de Pantin.

---

(1) Ce médecin, en 1792, enleva Mlle. Brulé, sa fille unique, de concert avec sa femme de chambre, quoiqu'aux trois quarts et demi folle; mais elle avait 30,000 fr. de rente, assurés par l'inventaire de sa mère, et desquels il a fallu que M. Brulé rendît compte au médecin ce dernier, devenu ensuite veuf sans enfans, lui a suscité un nouveau procès, qu'ils finirent par arranger, après s'être bien fait discuter chacun leur cause par les gens du barreau. Les 80,000 fr. de revenus dont jouissoit M. Brulé, se sont réduits à presque zéro, et il a fini par se remarier, à 70 ans, avec une marchande.

(2) M. Girard, qui a fait les campagnes d'Egypte en 1799.

(3) Qui passe pour avoir 10 pieds 8 pouces.

6°. La pente totale de ce canal de dérivation, entre ses deux extrémités, est de 10 mètres 14 centimètres.

7°. Cette pente ne sera point distribuée uniformément, mais suivant la loi représentée par le rapport des co-ordonnés de la courbe *funiculaire*.

« Je ne me suis point assujéti, dans le rapport que je viens de terminer, à suivre la marche synthétique des devis ordinaires. La rédaction du projet dont je me suis occupé présentoit, ou des questions nouvelles qui méritoient d'être traitées avec soin, ou d'anciennes questions, qui, jusqu'ici, n'ont été résolues qu'incomplètement; voilà pourquoi j'ai développé avec quelqu'étendue l'analyse à l'aide de laquelle je crois en avoir obtenu la solution.

Enfin, convaincu que les progrès de l'architecture hydraulique sont essentiellement liés à ceux des sciences physiques, et que celle-là ne doit point rester *stationnaire*, lorsqu'un mouvement rapide est imprimé à celles-ci, j'ai pensé que la haute importance du travail qui m'est confié, les avantages long-temps désirés que la capitale en attend, en un mot, que l'intérêt protecteur qu'y attache le chef de l'État, m'imposoient l'obligation de donner à ce travail toute la perfection dont il m'a paru susceptible, et ne me permettoient pas, quelques préjugés que j'eusse à combattre, de négliger de faire, pour y parvenir, une application utile des découvertes dues aux géomètres et aux physiciens français dont les travaux ont honoré la patrie, et illustré ces derniers temps. » *Ainsi termine M. Girard* (1).

M. Hagneau, inspecteur divisionnaire des ponts et chaussées, ci-devant à Turin, vient d'être nommé, en juin 1817, à la direction du Canal de l'Ourcq. M. Coic, ci-devant ingénieur en chef à Savonne, vient aussi d'être nommé, à cette même époque, ingénieur en chef pour la continuation des travaux de ce même Canal, avec M. Girard, déjà cité.

AVANTAGES

Que doit procurer l'exécution du Canal de l'Ourcq.

Si jamais ce canal est exécuté, dit M. Delalande, il rendra la communication plus courte et plus aisée qu'elle ne l'est aujourd'hui sur la rivière de Marne ; il arrivera, presque sans contour, directement à Paris, au lieu que la Marne en fait plusieurs, qui allongent le chemin presque de la moitié.

Dans les basses eaux, la Marne, en plusieurs endroits, n'est point navigable, ce qui oblige les marchands et voituriers d'alléger leurs bateaux, et d'en faire souvent trois d'un seul ; au lieu que par le nouveau canal, où les bateaux entreront par la Marne, ils arriveront à Paris en un seul jour, tirés par des chevaux de trait, sans avoir besoin de les alléger. Ces bateaux remontront, avec la même facilité, de Paris à Meaux et à la Marne.

Le canal d'*Ourcq* réuniroit des avantages immenses pour la ville de Paris, depuis l'Arsenal jusqu'à la Vilette, passant par les *faubourgs du Temple*, *Popincourt*, *boulevard et porte St.-Antoine.*

Les eaux de ce canal auroient pu être partagées en deux branches, au moyen d'un bassin que l'on peut former entre les faubourgs Saint-Denis et Saint-Martin, près la nouvelle barrière des Vertus, *sur un terrain plat que la nature semble avoir tout disposé pour cet objet,* soit comme celui de la Villette déjà terminé d'une forme *carré-long,* et non ovale ni rond, tel qu'il est figuré au plan coté 21, proposé en 1803 par les éditeurs du Recueil polytechnique.

---

(1) Le 12 juillet 1814, Monsieur l'abbé de Montesquieu, ministre-d'état alors, dit, dans son rapport, que le Canal de l'Ourcq a été entrepris sur un plan trop dispendieux.

M. Marchand dit aussi, page 219, dans son Conducteur parisien, que les conduits souterrains qui doivent servir dans Paris, auront environ 14,700 toises, et que cela n'est pas un trait de magnificence dans une entreprise dont les dépenses doivent s'élever à 38,000,000

Nous ajouterons qu'un canal à découvert, depuis le bassin de la Villette aux Champs-Elysées, auroit été plus majestueux que l'aqueduc souterrain par les faubourgs Montmartre et Monceaux, qui paroît coûtera beaucoup d'entretien, suivant les réparations qu'on a commencées en 1817.

Ces canaux, toujours pleins d'une eau pure et coulante, remédieront aux inconvéniens occasionnés par les égoûts, qui portent aujourd'hui l'infection dans la capitale. Nous ajouterons qu'un grand nombre de fontaines, d'une utilité générale, peuvent être établies dans les divers quartiers de la ville, par la confection du canal de l'Ourcq, ainsi qu'il paroît être arrêté par le Gouvernement, si l'on en juge par les travaux déjà exécutés, et d'autres projetés dans l'intérieur de cette grande ville. Par ces moyens, on pourroit retrancher une partie des tombereaux qui enlèvent les boues de Paris, qui coûtent des millions chaque année, et nettoyer les rues, deux ou trois fois par semaine, à l'eau et au balai. Dans le dégel, qui incommode beaucoup les habitans, au moyen du nouveau canal, les neiges seroient entraînées par des eaux supérieures, rapides et abondantes, dans les égoûts ou dans la rivière.

On pourra établir sur ce canal, dans l'intérieur de la ville, toutes sortes de manufactures, bains, abreuvoirs, lavoirs, chantiers et magasins, d'après l'assurance qu'on a que les eaux de l'*Ourcq* seront très-bonnes à tout usage.

CANAL DE SAINT-DENIS, A PARIS,

Au moyen d'un embranchement de celui de l'Ourcq, au-dessus de la Villette, déjà presque terminé, pour abréger la navigation de la Seine et de l'Oise.

Nous avons parlé du projet de canal présenté par M. Daudet, célèbre ingénieur, sous le nom de *Canal Bourbon*, qui devoit communiquer de Paris à l'Oise par Saint-Denis, et d'un autre projet également présenté, en 1730, par les magistrats de police et les députés du commerce de Paris. Ce même canal devoit, d'un côté, suivre pour direction la Chapelle, passer derrière les Récollets, le faubourg Saint-Martin, l'hôpital Saint-Denis, où devoit être formé un nouveau port; se continuer par le faubourg du Temple, le Pont-aux-Choux jusqu'à la Seine, vers le bastion du ci-devant Arsenal, actuellement le boulevard Bourdon. De l'autre côté, il devoit suivre les boulevards Saint-Denis, Montmartre, la Magdelaine, et aller joindre la Seine, au bas de Chaillot. Ce canal devoit encore passer par Saint-Denis, Épinay, Ormesson, l'étang de la Chasse, le vallon de Méry, et joindre l'*Oise au-dessous de l'Isle-Adam*.

Mais aujourd'hui que la partie du canal de Saint-Denis à celui de l'Ourcq, au-dessus de la Villette, est presque terminé, nous réitérerons le projet de partager ces mêmes eaux en trois branches, pour joindre la Seine; *la première*, vis-à-vis du Jardin du Roi; *la deuxième*, au bas de Chaillot (1), et *la troisième*, à Saint-Denis (2), pour ensuite se continuer jusqu'à Conflans-Sainte-Honorine, sur Seine, et Pontoise, sur l'Oise, par le bois de Pierrelaye, ainsi qu'il est figuré aux *plan et carte* ci-joints.

Par ce moyen, on aura la communication de l'Oise avec la Seine, au port de l'Arsenal à Paris, en un seul jour, en évitant les contours de la Seine, les passages dangereux et l'inconvénient des basses eaux.

Les bateaux, qui sont ordinairement sept à huit jours en marche sur l'Oise et sur la Seine, et souvent davantage, pour venir de l'Isle-Adam et de Poissy à Paris, au lieu que, par le canal, ils arriveront en un jour, avec moins de dépense, et sans aucun danger.

Les bateaux de la Normandie et de la Picardie sont deux jours et demi ou trois jours sur la Seine pour aller depuis Saint-Denis jusqu'au port Saint-Nicolas, et même plus, pour

(1) Cette deuxième partie de canal, déjà en partie terminée, souterrain seulement, c'est-à-dire, un aqueduc au lieu d'un canal à découvert, comme il avoit été anciennement projeté, paroît maintenant être destiné simplement pour alimenter, c'est-à-dire, fournir des eaux aux fontaines diverses des quartiers du nord de Paris: suivant les grands travaux entrepris à ce sujet, il devoit en fournir également au Palais de Rome, commencé au bas de Passy, vis-à-vis le Champ-de-Mars; en 1812, ont été fait pour deux millions de travaux de terrassement.

(2) Presque terminée en 1814.

arriver au port de la Tournelle ; au lieu que, par le canal, il ne seront tout au plus que quatre heures : de l'Isle-Adam et de Poissy au port de la Tournelle, ils sont douze à quinze jours pour aller à l'Arsenal ; au lieu qu'ils ne seront qu'un jour par le canal, sans aucun risque, et avec beaucoup moins de dépense.

Les bateaux de la Bourgogne et de la Champagne, qui descendent la Seine jusqu'à Paris, même de la Bretagne, l'Anjou, la Touraine, le Berry et le Nivernois, par la Loire, et qui seront chargés de marchandises destinées à être voiturées sur eau, par la Seine, l'Oise et le canal de Picardie, maintenant de l'Escaut, par Saint-Quentin, qui communique jusqu'en Hollande, pour être ensuite transportées dans les provinces du Nord, ne seront plus obligés de traverser Paris et tous les ponts, dont le passage est souvent pénible et dangereux ; ils éviteront ceux de Sèvres, de Saint-Cloud, de Neuilly, de Chatou, de Saint-Germain, de Pontoise, de Beson, et les écueils qui se rencontrent sur la Seine, à la machine de Marly, au passage de la Morue (1) et ailleurs. Les bateaux de charbon sont quelquefois obligés de séjourner des *années entières* près de Charenton, faute de port pour pouvoir se placer dans Paris, et le *canal en tiendroit lieu* (2).

C'est ainsi que la deuxième partie du canal de l'*Ourcq* à Saint-Denis feroit de Paris une ville nouvelle, pour le commerce et les commodités de toute espèce que cette capitale auroit acquises.

En 1725, 1726, 1727, le projet du canal de Saint-Denis fut examiné par différentes personnes très-capables d'en juger. M. Bélidor, M. de la Jonchère, ingénieur du Roi, M. de Senne, de l'académie des sciences, M. l'abbé de Grive, M. de Fayolle, inspecteur-général des ponts et chaussées, M. Gautier, ancien inspecteur des ponts et chaussées, et M. Oudart, entrepreneur des travaux du Roi et du canal de Picardie, visitèrent les lieux, trouvèrent le canal très-possible, et la Faculté de médecine jugea qu'il seroit salutaire pour les habitans de Paris. Enfin, d'après toutes les dispositions du Gouvernement, il n'y a plus de doute que tous ces projets vont être bien examinés, et que ceux les mieux conçus et reconnus les plus utiles, seront entrepris, continués, confectionnés et exécutés, pour le bien général et particulier du commerce français.

P. S. *L'embranchement du canal de l'Ourcq* à Saint-Denis, désigné au-dessus de la Vilette, ne part point du grand bassin, comme il avoit été précédemment figuré au plan ci-joint, mais bien 300 toises au-dessus : ce bassin a 720 mètres sur 60, d'une forme carré-long, entourré de belles allées de verdure et de carrés plantés d'arbres de chaque côté.

Cet *embranchement* du canal traverse, comme nous l'avons déjà observé, la plaine de Saint-Denis, et va joindre la Seine, proche cette dernière ville, suivant le trait marqué en rouge à la carte géographique dudit canal annexé au présent. Enfin on estime la dépense faite à 20 millions, et celle à faire à 18 millions.

CANAL DE SAINT-MAUR,

A Gravelle-sur-Marne, à l'Est, au-dessus de Charenton, à deux lieues de Paris.

En 1788, sous *Louis XVI*, dit *le Vertueux*, M. *Montizon*, écuyer-ingénieur, associé à M. *Houard de Vert*, entrepreneur des travaux du Roi, proposa de faire l'entreprise et confection du *canal de St-Maur* à Gravelle-sur-Marne, au-dessus de Charenton, près Paris. M. *de Montizon* présenta, à ce sujet, un mémoire à l'administration des ponts et chaussées et à M. le contrôleur-général des finances : ce mémoire fut communiqué à

---

(1) Espèce de gouffre ou de tourbillon d'eau qu'on trouve dans la Seine, au-dessous d'Argenteuil, près Paris.
(2) Des fossés de l'ancien Arsenal et de la Bastille, qui ont été conservés jusqu'à ce jour, peuvent servir à former un vaste bassin pour garer les bateaux en tout temps, et par ce moyen, un port général pour les entrepôts de toute espèce de marchandises, avec des magasins faciles à établir dans les divers quartiers de ses environs.

M. *Hébert d'Hauteclaire*, trésorier de France et commissaire du conseil des ponts et chaussées, homme estimable et plein de connoissances dans cette partie, l'un des intimes du célèbre *Perronet*, qui fit un rapport sur les avantages de l'exécution.

Le 28 juin 1791, l'associé de M. *Montizon*, déjà cité, soumit le plan de ce même canal à l'assemblée du *Point central des Arts et Métiers*, qui l'ayant pris en considération, nomma MM. *Bonneville* (1) et *Régnier* (2) Commissaires pour lui en faire un rapport et le présenter à l'*Assemblée nationale*, où ils furent admis aux honneurs de la séance, avec renvoi au Comité d'agriculure et du commerce.

Mais les événemens survenus par suite de la révolution de 1789, ont suspendu toutes les dispositions.

En 1809, après les orages révolutionnaires, ce projet fut de nouveau présenté : son utilité et ses avantages reconnus firent que les ingénieurs furent aussitôt nommés pour en faire l'examen, devis et plan des travaux ; et bientôt un décret en ordonna la confection aux frais du trésor public, sous la direction de l'administration des ponts et chaussées.

M. *Bequet de Beaupré*, ingénieur en chef de ce corps, qui a succédé au célèbre *Demoustier*, a été chargé de la direction des travaux, qui ont été poussés avec rapidité par les soins de M. *Emmery*, ingénieur ordinaire, jusqu'au mois de novembre 1813, époque de leur suspension par l'effet malheureux des trop grandes guerres entreprises en ce temps-là.

Mais aujourd'hui qu'une paix générale assure le bonheur du monde entier, que chacun a le droit d'espérer, il n'y a pas de doute que le canal de *Saint-Maur*, près Paris, et autres travaux en ce genre, soient avant peu entrepris, terminés et perfectionnés.

AVANTAGES DU CANAL DE SAINT-MAUR.

Ce canal, percé dans un rocher de plus de 500 toises de longueur, avec un chemin de deux mètres sous voûte, taillé dans un roc couvert, est un chef d'œuvre d'Art qui mérite d'être vu des connoisseurs et amateurs des objets d'utilité publique.

La confection de ce canal dont le trajet n'est que de 750 toises, ou un quart de lieue ordinaire, abrégera la navigation de la rivière de Marne de plus de quatre lieues, et les bateaux n'éprouveront plus les obstacles nombreux qui arrivent tous les ans par les rochers qui se trouvent au fond de l'eau dans cette partie de la rivière de Marne ; ce qui occasionnoit ordinairement à la navigation trois à quatre jours de retard, même des mois entiers, pour monter et descendre pendant les basses-eaux.

Le *canal de Saint-Maur* procurera, entre autres avantages, celui de pouvoir y garer les bateaux de toutes sortes de marchandises, objet désiré, et qui manque à Paris depuis des siècles, et par ce moyen, les mettre à l'abri des accidens que les glaces des grandes eaux occasionnoient tous les ans.

Un autre avantage est que le canal de *Saint-Maur* procureroit les moyens de pouvoir former plusieurs moulins et usines propres à différens états et objets de commerce, par l'abondance des eaux forcées à volonté, et en tout temps, que ce canal pourra produire par sa pente extraordinaire, au moyen des écluses qui y seront établies.

Ce nouveau canal, avec celui de l'*Ourcq*, produira plusieurs promenades agréables, d'été et d'hiver, pour les habitans de Paris : objet curieux à voir, et même surprenant pour tous ceux qui ont vu et connu ces endroits avant 1808.

---

(1) Rédacteur de la *Bouche de Fer*, ensuite pensionné de l'état.
(2) Ingénieur, et ensuite Lieutenant-général des armées françaises.

De l'Imprimerie de DOUBLET, rue Gît-le-Cœur, n°. 7.

MÉMOIRE

*Sur les différens Etablissemens que le Maréchal DE MAILLY a
faits en Roussillon pour les progrès des Arts, de l'Agriculture,
du Commerce, et pour la fertilité du sol de cette province.
Extrait de ses Mémoires militaires et politiques conservé dans
le cabinet de M. SOULAVIE. (1).*

*Ce Mémoire est suivi d'une nouvelle invention pour remonter les bateaux sur
le Rhône, et des dispositions pour l'embellissement de la ville de Bordeaux,
avec la description d'un pont à construire sur la rivière de cette ville.*

LE maréchal de Mailly ne parlera pas du désordre dans lequel il trouva en 1748,
temps auquel il plut au roi de l'honorer du commandement du Roussillon, toutes

(1) Le maréchal de Mailly, aussi distingué par sa naissance que par ses vertus et ses
qualités militaires, me confia une suite de mémoires curieux sur ses campagnes et sur son
administration, pour servir à l'histoire du dix-huitième siècle. Instruit que dans les mémoires
du maréchal de Richelieu je traiterais des amours de Louis XV et des quatre sœurs, qui
étaient de sa famille, il accepta d'entendre contradictoirement la lecture de cet article chez
madame de Flavacourt, la cinquième des sœurs, et il y invita presque toute sa famille. Il me
délivra une copie de son brevet de maréchal de France, où ses campagnes sont décrites et
diverses notices historiques très-curieuses. J'en détache un chapitre pour le Recueil polytechnique, qu'il dicta pour moi à son secrétaire, et qui est un sommaire indicatif des ré-
formes d'une province à laquelle il donna la vie, et qui se ressentait encore, en 1748, de l'in-
dolence administrative d'un pays voisin. Sous le maréchal de Mailly, le Roussillon changea
de face; et dès le commencement de la révolution, cette contrée était devenue riche et flo-
rissante. Je ne puis mieux faire l'éloge dû à M. le maréchal de Mailly, qu'en publiant ce
mémoire. C'est la meilleure oraison funèbre de cet homme vertueux qui échappa au massacre
du *dix août;* qui servit son maître avec courage et fidélité, dans tous ses dangers, malgré
son grand âge; et qui lui donna vainement des conseils utiles qui ne furent pas suivis.
   La férocité des temps qui suivirent le *dix août* immola le maréchal de Mailly. Ce
vieillard vénérable mourut à l'échafaud, en disant : VIVE LE ROI ! *je le dis comme
mes ancêtres.*
   Sous l'empire de NAPOLÉON, il est permis de rendre des hommages à la vertu et à la
bravoure de tous les partis; car, où sont la vertu et la bravoure, là cesse la faction.
L'affection universelle du Chef du Gouvernement pour tous les Français, quand ils sont
véritablement Français, quelle que soit leur opinion, étant nécessairement la fin de toute
dissension et le commencement d'une existence nouvelle, la recherche de tout ce qu'il y
avait de moyens, dans l'ancienne France, pour conserver le courage et la vertu, ne peut
être que l'ouvrage d'un bon citoyen. *Je dis* VIVE LE ROI *comme mes ancêtres,* est un
mot bien profond ! Le maréchal de Mailly était fidèle au Roi, non-seulement comme à son chef,
mais encore parce que c'était un devoir héréditaire et qu'il le reconnaissait pour tel. Réunir ainsi
les devoirs d'un Français envers le Monarque et envers ses aïeux, est un principe, un moyen qui
se trouvent dans toutes les monarchies européennes, soit d'institution ancienne, soit d'institution récente, et dont nous ne devons pas être privés. Le mode pour le remettre en vigueur est
sans doute très-difficile, à cause des événemens passés et de l'équité du Gouvernement, qui
ne peut dépouiller du bénéfice de ce principe tout citoyen qui y est appelé par sa naissance,
sa fortune, son éducation distinguée, et sur-tout la charge ou l'emploi qu'il a pu occuper.
depuis 1789. Combien de bons Français, depuis cette époque de 1789, se sont sacrifiés

les parties tant relatives au militaire, qu'à celle de l'administration dans tous les genres.

Il commença par prendre les connaissances les plus exactes de la province; et, après en avoir reconnu les abus et les besoins, il rectifia ceux du service des places,

---

en France? Combien ont abjuré leurs affections, leurs intérêts, leurs principes? Ils sont restés en France pendant l'émigration générale des notables de l'ancien régime, au milieu des tyrans populaires. Ils disaient, et je les ai entendus : *Si nous nous abandonnons à la merci des Anglais, des Prussiens et de l'Autriche; si nous émigrons tous et les prenons pour nos chefs, que deviendra notre patrie? Comme la Pologne, elle sera démembrée, et c'est ce que veut Pitt, directeur de Frédéric et de l'Empereur. Restons donc dans notre patrie; un jour nous serons les fondemens, à cause de nos principes conservateurs que nous n'abjurons pas, d'un nouvel ordre naturel en France; nous serons les sauveurs de notre patrie. Nos écrits généreux et notre dévouement diront quel est le caractère de notre véritable patriotisme. La France ne périra pas. Si nous pouvons, nous la gouvernerons; nous proscrirons Pitt, nous proscrirons Frédéric et l'Empereur Germanique. Nous avons une France chérie; nous la releverons des dangers où l'ont conduite les furies révolutionnaires et les furies contre-révolutionnaires, et quel que soit le Génie puissant que la nature appellera pour relever cette France illustre, l'opinion que nous avons de ce Génie futur, nous fait espérer que tout ce qui se dévouera comme nous, au salut de la patrie, ne sera pas par lui ni oublié NI DÉGRADÉ, ni sur-tout confondu avec la populace qui nous gouverne.*

Voilà ce que j'ai entendu pendant chacune des trois époques d'émigrations, en 1789, en 1792 et en 1793. C'était le vœu de tout propriétaire qui avait reçu de l'éducation, à l'exception de ceux qui commirent l'imprudence d'émigrer.

Et que serait devenue notre grande nation, si la MAISON BONAPARTE avait émigré? Elle renfermait dans elle-même les destinées de la nation. Elle émigra de la Corse quand l'Angleterre eût envahi ses possessions et sa patrie, mais pour entrer en France, la servir dans ses périls, et conserver dans le foyer de toutes les discordes les principes que vous voyez chaque jour se développer. La postérité reconnaîtra pour coopérateurs de notre restauration, tous Français distingués par les talens, les richesses, l'éducation, qui, refusant de fuir, se consacrèrent, au milieu des dangers, à servir au péril de la vie, dans l'armée, la politique et les emplois intérieurs. Est-il une notabilité dans un Etat mieux acquise? Et si ceux de l'ancienne noblesse veulent s'identifier avec elle et servir avec fidélité NAPOLÉON, serait-il possible que l'Etat refusât de les comprendre dans la notabilité? Ils possèdent un héritage moral attaché à leur nom. Plusieurs de ces noms sont historiques. Des noms de cette sorte et de cette célébrité ne périront jamais. Leur incorporation dans le LIVRE D'OR de l'Empire Français fermera beaucoup de blessures.

Il y a de M. le maréchal de Mailly, une autre anecdote qui n'est pas connue, et qui est bien digne de l'antécédente. Lui ayant présenté, en 1788, les remontrances du clergé faites à Louis XV vers la fin de son règne et le réquisitoire de M. Séguier contre les dangers des opinions régnantes, ouvrages où se trouvent des descriptions terribles d'une révolution imminente, comparable à celle de Charles Ier. et plus criminelle encore; lui ayant présenté la collection en même-temps des mémoires manuscrits relatifs à l'histoire des règnes de Louis XV et de Louis XVI, ceux de Saint-Simon, Duclos, Hénault, Torcy, Massillon, Rouillé, Maurepas, du président Rolland, d'Aiguillon, Tencin, Fleury, Villars, d'Argenson, etc. : *Et moi aussi*, me dit le maréchal de Mailly, *je vous remettrai tout ce que j'ai rédigé sur mes mémoires, puisque vous allez à la recherche des causes qui, depuis Louis XIV, ont enlevé à la France l'éclat dont elle avait joui; mais sachez que si jamais l'esprit du temps nous conduit à la nécessité de défendre le trône, nous mourrons tous avant le Roi.* Ce vieillard plus qu'octogénaire, le matin du dix août, se présenta devant Louis XVI, tira l'épée, mit un genou à terre, et dit à Louis ces paroles mémorables : *Sire, nous venons relever le trône ou mourir à vos côtés.*

Le maréchal de Mailly devait ce jour-là, à cause de sa dignité de maréchal de France,

s'occupa du rétablissement des ouvrages, de celui des casernes, des corps-de-gardes et des hôpitaux, que l'on peut dire être réglés au-dessus, peut-être, d'aucuns du royaume.

Il s'occupa ensuite de l'ordre général dans l'intérieur de la province, tant relativement aux désordres de toutes espèces qui s'y commettaient, qu'à détruire la contrebande et la désertion; et il est peu de provinces où l'ordre général sur toutes les parties ait été plus exactement suivi.

L'objet qui lui parut ensuite le plus nécessaire, fut celui de procurer à une province remplie de talens et d'esprit, mais si éloignée des secours de l'éducation en tout genre, et si peu en état, par le défaut de moyens, de l'aller chercher au-dehors, des établissemens chez elle-même; et c'est dans cette vue qu'il forma celui d'une université, qui, indépendamment des humanités des quatre facultés et de la chirurgie, réunit les parties de la physique expérimentale, de la botanique, et des jardins de plantes et d'arbustes; celle de l'histoire naturelle, des seules productions de la province; et une bibliothèque publique.

Tous ces objets sont réunis dans un bâtiment de la plus grande beauté, et sont dotés chacun dans leur partie, le tout par différens moyens, sans qu'il en ait rien coûté au roi ni à la province.

Et pour conserver la mémoire d'un établissement aussi utile, il a été établi à perpétuité un discours à la louange du roi, prononcé chaque année par le recteur, auquel il est donné une médaille d'or; et M. le maréchal de Mailly en a fondé quatre en or et quatre en argent, pour prix d'émulation dans les quatre facultés.

L'on rétablit en même temps un couvent d'instruction, dit *des Enseignantes*, pour les filles de tous les états, et l'on établit un refuge, dit *du Repentir*, pour les filles de mauvaise vie.

L'on s'occupa en même temps de l'éducation militaire, et cet objet parut d'autant plus intéressant, qu'il n'y avait alors aucun gentilhomme de la province au service, et que c'était le reproche que le feu roi avait souvent fait au Roussillon.

Cet établissement exigeait les moyens et les fonds nécessaires aux différentes parties de l'instruction, telles que l'équitation, les armes, le maniement des armes, les évolutions, la danse, les mathématiques et le dessin, et c'est ce que l'on a trouvé dans une partie de l'administration de la province.

Le Roussillon, de tous les temps, s'imposait chaque année un fonds pour l'achat des étalons et pour leur entretien; ils étaient distribués à différens particuliers qui s'en appropriaient l'usage aux dépens de l'utilité publique, et ils jouissaient impunément des priviléges accordés aux gardes étalons.

Ce fut d'après les calculs, tant des fonds que la province fournissait, que de la valeur des priviléges toujours à charge aux plus pauvres, que l'on jugea la possibilité de former une école d'instruction sans qu'il en coûtât rien de plus à la province, y compris les appointemens des maîtres, auxquels M. le maréchal de Mailly

---

commander sous le Roi. Il fut le seul officier de ce grade, présent à la dernière insurrection populaire contre le Prince. Quand le Roi fut conduit à l'Assemblée législative, M. de Mailly ne voulut pas quitter le champ de bataille. Il soutint le choc; quand la victoire l'abandonna, un brave, qui l'avait servi, le saisit dans la mêlée, le délivra et le porta dans son hôtel.

(*Cette note est de M.* S o u l a v i e, *de qui les Éditeurs de ce Recueil tiennent le mémoire sur le Roussillon. M. Soulavie leur a ouvert son cabinet, riche en manuscrits et en ouvrages historiques et d'administration*).

1*

abandonna une partie de ses émolumens ; et cet établissement ayant été approuvé par une ordonnance, l'on réunit à Perpignan les étalons pour former l'équitation de l'école dans les bâtimens qui avaient été autrefois destinés à une fonderie de canons, et l'on y établit les écuries, un manége, des salles d'exercice, et le logement de tous les maîtres.

Il fut réglé par la même ordonnance, qu'il serait admis à cette école douze gentilshommes de la province, nommés par le roi, qui y seraient instruits pendant trois ans, pour être placés ensuite au service ; et quant aux étalons, qu'ils seraient envoyés tous les ans dans les différens cantons de la province, pour y faire leur service pendant trois mois sous la conduite des écuyers de l'école, et qu'au bout de ce temps, ils seraient ramenés et reprendraient leurs travaux au manége.

C'est ce qui a été suivi avec le plus grand succès dans les deux parties ; plus de cent gentilshommes étant entrés au service en sortant de cette école, et la production des chevaux ayant fourni au-delà de cinq cents chevaux par an.

D'après ces principaux objets,

L'on établit un Champ-de-Mars, une salle de spectacle, et quelques promenades publiques.

L'on s'occupa ensuite du commerce, et principalement de celui avec l'Espagne, qui paraissait presqu'impraticable, vu l'impossibilité du passage des Pyrénées ; et comme les deux nations s'y trouvaient intéressées, l'on présenta un projet, et un plan du travail que l'on proposa devoir être fait aux dépens des deux couronnes, et qui ayant été accepté, fut rempli sous les pouvoirs respectifs des deux cours, par M. le maréchal de Mailly, et par M. de Laminas, en mémoire de quoi il fut placé deux colonnes avec les armes et les inscriptions relatives aux limites dans cette partie des deux royaumes.

Cet objet donna lieu à terminer les différends qui s'étaient élevés sur les limites des deux royaumes dans les parties de Puicerda, du Panissas, de Bellegarde, et du Pertus, et ils furent également réglés entre les deux cours.

L'on s'occupa ensuite de l'établissement de quelques manufactures, dont une à l'hôpital de la Miséricorde, qui en est devenue le principal soutien, et où M. le maréchal a fondé douze pauvres pour en exciter l'émulation.

L'on établit ensuite des foires pour donner de l'activité au commerce ; et pour en faciliter les moyens, l'on régla la direction des chemins pour établir les communications dans l'intérieur de la province, qui n'en avait aucune alors ; et cette partie si intéressante, ainsi que les digues pour contenir les torrens, et le pont sur le Trech pour la communication assurée du port Vendre, sont actuellement en activité.

Il fallut ensuite s'occuper de la défense de la côte, la guerre étant survenue ; et cette partie qui n'avait jamais été remplie, l'a été au ton le plus respectable dans toute son étendue ; et comme elle exigeait pour sa défense un nombre de troupes au-delà de celles que les garnisons auraient pu remplir, l'on a classé une partie des habitans de la province, au nombre de dix-huit mille, qui, à différens signaux, doivent être portés dans les ouvrages de la côte.

Il restait un autre objet dont on s'était souvent occupé, d'après les avantages que la province en pouvait retirer, et qui était le rétablissement du port Vendre, abandonné depuis des siècles ; et ce projet ayant été présenté et approuvé, l'on s'est occupé en même temps du creusement et des ouvrages pour la défense du port, et la province, en reconnaissance, y a élevé un obélisque de la plus grande magnificence, à la gloire du roi.

Le succès enfin de cette entreprise a répondu jusqu'à présent à tout ce que l'on pourrait en attendre, tant au-dehors qu'au-dedans; il a sauvé plus de cent bâtimens par an, dont, dans ce moment, deux frégates suédoises, et plus de soixante bâtimens marchands, dont ce port a été le refuge; et il a tellement excité l'émulation des défrichemens pour la plantation des vignes, que l'on compte actuellement au-delà de *douze mille arpens plantés*, qui seront suivis d'une partie aussi considérable qui reste encore à défricher; objet d'autant plus important, que la partie des vins forme en Roussillon la plus importante de son commerce, et l'on jugera à quel point elle peut être portée successivement, lorsqu'on saura qu'avant le rétablissement du port Vendre, l'exportation des vins ne montait qu'à trois ou quatre cents mille livres, et que depuis cette époque elle a été portée à quatorze cents mille; d'où l'on jugera aisément que, d'après les *défrichemens* faits, qui ne sont point encore dans leur valeur, et ceux que l'on se propose de faire, sur-tout d'après la diminution des droits que M. le contrôleur-général vient d'accorder sur cette partie, et sur-tout encore si le projet qu'on lui a présenté a lieu, que le produit de cette partie montera, dans quelques années, au-delà de trois millions, ce qui vivifiera d'autant plus cette province, que ces défrichemens ne peuvent intéresser en rien les autres parties de culture, celle-ci n'étant établie que sur des espèces de bruyères, dont le fond est un ancien roc calciné.

L'on n'a pas besoin de présenter à quel point cette augmentation de richesses s'étendrait sur toutes les autres parties de cultures, de manufactures et de commerce, le Roussillon réunissant par lui-même toutes les productions, non-seulement de première nécessité, mais beaucoup d'autres susceptibles de l'industrie, telles que les soies, les huiles, le fer, le liége, et les laines, dont la beauté approche infiniment de celles d'Espagne.

L'on y trouve des mines de toutes espèces de métaux, des marbres de toutes couleurs.

Et l'on peut dire enfin, que si cette province était mise dans la valeur dont elle est susceptible, elle doublerait plus qu'au-delà de son état actuel, et il en serait par conséquent de même des revenus du roi.

NOUVELLE INVENTION

Pour remonter les Bateaux sur le Rhône.

LES *radeaux plongeurs*, inventés par M. Thilorier, et à l'aide desquels les bateaux remontent les fleuves par le seul effort du courant, pouvant devenir un objet précieux à la navigation du Rhône, toujours si lente et si dispendieuse, S. Exc. Mgr. le ministre de l'intérieur a ordonné qu'il en fût fait, à Lyon, une expérience en grand, aux frais du Gouvernement. Cette expérience a eu lieu le 22 septembre à midi, en présence de M. le préfet, de MM. les commissaires par lui nommés, et d'un grand nombre de spectateurs.

Le local et la saison présentaient à l'emploi de la machine les plus grandes difficultés. Un canal étroit, d'un mètre et demi de profondeur, situé entre des graviers et des pieux; un courant toujours oblique, qui, après s'être porté sur la ville, se rejette du côté opposé, et ne présente au-dessous du pont de la Guillotière, que des remoux qui se terminent par un courant encore plus oblique que celui du bassin supérieur : tout semblait se réunir pour placer au rang des chimères l'entreprise de faire remonter d'un seul trait, jusqu'au pont Morand, un grand bateau chargé de pierres, éloigné de ce pont de 1600 mètres, et placé 400 mètres plus bas que le pont de la Guillotière. Cette expérience a cependant réussi avec une telle facilité, qu'il y a tout lieu de croire que son succès eût été le même, si la distance eût été double, et s'il y avait eu trois bateaux au lieu d'un.

Le signal donné, le bateau a remonté avec une vitesse beaucoup plus grande que celle qu'il aurait eue, s'il avait été traîné par des chevaux. Il est arrivé au pont Morand en 50 minutes, et il y serait arrivé en moins d'une demi-heure, si sa course n'eût pas été interrompue, d'abord par l'échouement du radeau, occasionné par l'inexpérience des conducteurs, et ensuite par la manœuvre qu'il a fallu faire pour substituer un second radeau au premier, lorsque selui-ci s'est trouvé engagé dans les remoux du pont de la Guillotière.

Il résulte de cette belle expérience, que si l'on plaçait sur le rivage une série de points d'appui et des appareils correspondans, un train de bateaux remontant jour et nuit sans interruption, pourrait faire vingt lieues de poste par jour.

Il en résulte encore que tous les trains de bateaux qui remontent le Rhône pourraient se servir de la même machine, pourvu qu'il y eût entre eux un distance égale à celle qui sépare les points d'appui, et qu'il n'y aurait d'interruption dans le remontage que le temps nécessaire pour substituer un nœud à un autre.

PORT MARITIME DE BORDEAUX.

Dispositions pour l'embellissement de cette Ville.

Programme de la Société des Sciences, Belles-Lettres et Arts de Bordeaux.
Séance publique du 15 septembre 1807.

LA restauration du port de Bordeaux, principale base de la prospérité commerciale de la ville et des départemens environnans, a été, depuis long-temps, l'objet des sollicitudes de la Société. C'est dans ces vues qu'elle proposa, dans la séance publique du mois d'août 1805, la question suivante :

« Quel est le moyen le plus sûr de soulever les corps submergés, à une pro-
» fondeur déterminée, quelle que soit leur pesanteur, dans un endroit où le flux
» et reflux se font sentir ? »

Divers mémoires ont été adressés à la Société sur ce sujet ; mais aucun d'eux n'a entièrement rempli ses vues. Cependant elle a distingué particulièrement celui coté A, n°. 1, portant pour épigraphes : *In omnibus ferè minùs valent præcepta quàm experimenta.*

Cet ouvrage est écrit avec clarté et méthode : les travaux préparatoires proposés par l'auteur pour soulever les corps submergés, et qui ont pour objet de dégager le fond du navire des attérissemens que le temps et les courans y ont amoncelés, sont bien conçus, et l'ensemble de ce travail est aussi simple qu'ingénieux : mais parmi les moyens qu'il propose, quelques-uns ont paru insuffisans. Malgré ces imperfections remarquées, la Société, convaincue des avantages de quelques-uns des moyens proposés, a arrêté qu'une médaille d'or de la valeur de 300 francs, serait décernée, dans la séance de ce jour, à M. *Georget*, ingénieur en chef de première classe, à Carcassonne, département de l'Aude, auteur du mémoire. Mais desirant avoir la solution complette de cette importante question, la Société a arrêté que le concours serait prorogé d'une année, espérant que l'auteur profitera de ce nouveau délai pour perfectionner son mémoire par un nouveau travail dont elle le croit capable, et qu'elle présentera à d'autres savans l'occasion d'entrer aussi dans la carrière et de concourir avec lui, par leurs efforts et par une noble émulation, à donner la solution de la question suivante :

« Quel est le moyen le plus sûr de soulever les corps submergés, à une pro-
» fondeur déterminée, quelle que soit leur pesanteur, dans un endroit ou le flux
» et reflux se font sentir ? »

La Société croit devoir rappeler qu'en proposant cette question, elle a principalement pour but de retirer du fond des rivières les navires submergés qui les embarrassent ; elle desire que les concurrens s'occupent sur-tout des moyens de les saisir, quelle que soit leur position.

Le prix sera une médaille d'or de la valeur de 600 fr. ; il sera décerné dans la séance publique du mois d'août 1808. Les mémoires doivent être parvenus à la Société avant le 1er. juillet de la même année. Ce terme est de rigueur.

La même Société avait proposé, pour sujet d'un prix qui devait aussi être décerné dans la séance de ce jour, la question suivante :

« Quelles sont les espèces de bois que l'on pourrait faire concourir avanta-
» geusement avec le chêne, pour la fabrication des barriques ? »

La Société a arrêté que le concours serait prorogé d'une année, et qu'il serait fait une mention honorable du mémoire ayant pour épigraphe ce vers de Virgile :

O fortunatos nimiùm, etc.

Le prix, consistant en une médaille d'or de la valeur de 300 fr., sera décerné dans la séance publique du mois d'août 1808. Les mémoires doivent être parvenus avant le 1er. juin. Ce terme est de rigueur.

Un des plus habiles administrateurs que notre ville ait eu le bonheur de posséder, M. de Tourny père, intendant de Bordeaux, y a laissé des embellissemens qui sont un monument durable de son activité éclairée et de son affection pour cette cité. La Société saisit une occasion favorable d'acquitter la dette de ses concitoyens, et de fournir un modèle aux successeurs de ce magistrat, en proposant son éloge pour sujet d'un prix d'éloquence, de la valeur de 600 fr., qui sera décerné dans la séance publique du mois d'août 1808. Les fonds de ce prix ont été fournis par un membre de la Société, qui desire n'être pas connu. Les mémoires devront être parvenus avant le 1er. juillet.

Enfin, la Société rappelle à ses concitoyens, qu'indépendamment des prix proposés, elle décerne chaque année des médailles d'encouragement aux agriculteurs, aux artistes et aux littérateurs du département, qui, par d'utiles travaux, se rendent dignes de ces honorables récompenses.

DESCRIPTION D'UN PONT

*Sur la Garonne, projetté pour Bordeaux; par M. C*AUPENNE*, Capitaine du Génie de Sa Majesté Catholique le Roi d'Espagne, communiqué par un amateur.*

CE Pont, dont le modèle est exécuté en relief, existant à Bordeaux au Cabinet de monsieur Caupenne, a 37 arches placées à 36 pieds l'une de l'autre; sa longueur est de 1902 pieds, et sa largeur de 42 ; sa hauteur, calculée sur une crue d'eau de 38 pieds au-dessus du niveau ordinaire, est plus que suffisante, parce que des observations exactes et multipliées, prouvent que la Garonne, dans les marées les plus fortes, ne dépasse ce niveau que de 17 à 18 pieds. La direction du Pont et sa surface sont en ligne droite. Les deux parties latérales sont destinées à la circulation des voitures; le centre est réservé pour les personnes à pied.

Les culées sont en maçonnerie. Les arches reposent sur des palées en bois d'une très-forte dimension: elles sont construites au refus du mail, et moisées de manière à donner au pont la plus grande solidité.

Chaque palée est retenue dans ses parties haute et basse par 6 chaînes de fer avec une ancre à une patte; ainsi 216 ancres sont réparties dans la longueur du pont. Les chaînes sont tendues à l'aide de cylindres établis dans l'épaisseur des palées, à chacune desquelles on a adapté deux escaliers pour faciliter cette manœuvre.

Les traverses ou poutrelles sont formées avec des chaînes de fer au nombre de 28 par arche. Ces chaînes sont également tendues par d'autres cylindres placés comme les premiers dans l'épaisseur des palées; et elles servent de base à des chassis de sapin de 6 pouces d'épaisseur, recouverts d'un second plancher de chêne de 4 pouces réduits à deux, et cloué sur les chassis qui sont retenus aux chaînes par des crampons à écrou.

Un Pont tournant laisse le passage libre aux vaisseaux. Il est d'une construction nouvelle, s'ouvre et se ferme dans l'espace de cinq minutes. 4 Pavillons le signalent pendant le jour, 4 Fanaux pendant la nuit. L'élévation du pont permet aux bateaux de passer à toutes marées.

C'est le mécanisme ingénieux des chaînes et la forme nouvelle des palées qui donnent au pont une solidité telle qu'il peut résister aux courans les plus rapides et aux chocs les plus violens.

Ce pont, exécuté en relief depuis 1801 avec une perfection vraiment rare, est de l'invention de M. de Caupenne, Capitaine Ingénieur de S. M. Catholique. Il a enrichi l'Espagne de plusieurs machines aussi utiles que curieuses.

Des circonstances personnelles m'ayant obligé de séjourner à St.-Sébastien, M. de Caupenne m'a permis de me joindre aux amateurs de toutes les nations qui visitent son Cabinet, et je crois utile de rendre publique la description d'un procédé nouveau pour la construction des ponts.

Un Pont semblable, construit sur la fougueuse Dordogne, donnerait enfin à la première route d'Espagne la sûreté que l'on désire envain depuis long-temps.

Signé GRANGÉ GUERMENTE,
Caissier du service des hôpitaux de l'armée de Portugal.

P. S. On a promis aux Editeurs du Recueil Polytechnique, de leur faire parvenir le Dessin de ce pont, et ils se proposent de le faire graver aussitôt qu'ils l'auront reçu, pour être joint à la suite de ce même ouvrage.

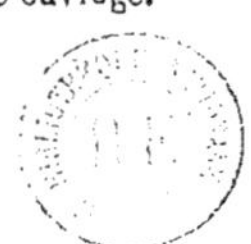

PLAN ET DESCRIPTION
DE LA SCIE MÉCANIQUE,

Ou Machine pour couper, autrement recéper les Pieux, ainsi que les Arbres, de telle grosseur qu'ils puissent être, au fond de l'eau; au moyen de laquelle on fait maintenant les travaux d'art nécessaires à la construction des Ports maritimes, des Quais, des Ponts et Chaussées, des Desséchemens des Marais, des Canaux de navigation, sans batardeaux ni épuisemens : nouveau procédé employé en France, avec succès, depuis plusieurs années, lequel a économisé plus d'un tiers dans les dépenses évaluées à plus de dix millions pour ceux faits dans la Capitale, depuis 1803 et années suivantes;

D'après MM. PERRONNET, VOGLIO-CESSARD et DUMOUSTIER, célèbres Ingénieurs de France;

Suivis du Plan d'un des nouveaux Ponts construits à Paris, au moyen de cette même Machine, qui démontre la réalité des faits ci-dessus énoncés; avec Observations sur les abus qui résultent des moyens d'économie qu'on emploie dans de pareilles entreprises: par M. B. A. H. Devert, Architecte-Entrepreneur.

Cinquième Édition depuis 1804 et années suivantes, par le même.

~~~~~~

Les travaux hydrauliques, dit M. *Patte, architecte*, sont ceux de l'architecture les plus difficiles, et ceux où il se rencontre ordinairement les plus grands obstacles dans leur exécution.

Une Machine ou Scie mécanique a été conçue pour cet objet.

Suivant les divers rapports, M. *Labelye, ingénieur suisse*, à Londres, chercha à découvrir, en 1738, ce nouveau procédé pour la construction du pont West-minster, sur la *Tamise*; en 1756, M. *André, ingénieur français*, fit aussi plusieurs essais en ce genre, pour l'exécution du pont de Charzey, sur l'*Ain*, qui est un espèce de torrent.

M. *Regemote*, célèbre architecte, a aussi fait plusieurs essais en ce genre pour la construction du pont de Moulins, sur l'*Allier*, qui a manqué plusieurs fois.

M. *E. Blondel*, célèbre architecte, a également fait plusieurs expériences dans de pareils travaux, pour le rétablissement du pont de Saintes, sur la *Charente*, construit par les Romains, où il existe encore beaucoup d'antiquités, et entr'autres un arc de triomphe. M Guiot de Revesseau, alors intendant de cet endroit, en 1786, avait adopté un plan pour la construction d'un nouveau pont, à 100 toises au-dessous de l'ancien.

En 1760, MM. *Perronnet, Voglio-Cessard*, tous ingénieurs français, firent établir une Scie mécanique pour couper et recéper les pieux battus au mouton, destinés à servir au pilotis du pont de Saumur, sur la Loire, par le Sieur *Jean Gamori*, dit *l'Angoumois*, habile serrurier mécanicien, dans cette même ville, qui, ayant parfaitement saisi l'ensemble du plan, obtint de tout les succès qu'on avoit espoir d'attendre : cet artiste est décédé pendant qu'on délibéroit sur les moyens d'aviser à sa récompense.

~~~~~~

Cette nouvelle Machine fut donc employée non-seulement pour l'exécution des travaux du pont de Saumur et de celui de Tours, sur la Loire, suivant le plan de M. *Perronnet*, sous le Ministre *Trudaine*; mais encore à la construction *du mur du quai de la ville de Rouen*, sur la Seine; *à l'écluse de chasse du port de Dieppe et de celle du Tréport, etc., etc.*

Depuis cette époque, différens travaux de ce même genre ont été entrepris dans l'intérieur de la France, entr'autres les ponts des *Arts*, de la *Cité*, du *Jardin du Roi*, du *Champ-de-Mars*, de *Choisy*, de *Bezon*, et de *Sèvres*, sur la Seine, à Paris et aux environs; les trois premiers commencés sous la direction de M. *Dumoustier*, ingénieur en chef, qui a été succédé par MM. *Dillon, Becquet de Beaupré, Duvivier* et *Lamandé* fils. Ce dernier a dirigé en entier la construction du pont du Champ-de-Mars; et l'entrepreneur *Galand*, de Poitiers, en a terminé les travaux avec *Ginoux*, nommé au pont de *Rouen*, sous les ingénieurs *Lemasson* et *Lamandé*. Ladite Scie a également opéré à la belle écluse du *Pont-de-l'Arche*, sous les ingénieurs *Lacaille* et *Déotte*, *Verdic* et *Lebrun*, entrepreneurs; *idem*, à *Bordeaux*, en 1812, sous les ingénieurs *Vauvillers* et *Decamp*, au pont commencé en cette ville.

Avantages des opérations de la Scie mécanique.

Les principaux avantages de cette machine sont tels, que les pieux peuvent être recépés dans l'eau, à la profondeur qu'on juge nécessaire, et d'un parfait niveau; que la force de quatre hommes au plus est suffisante pour faire mouvoir la scie avec liberté, et un cinquième nommé maître-ouvrier, et aussi aisément qu'une scie ordinaire; et qu'enfin toutes les parties de cette machine sont assez solides pour ne point éprouver de ruptures fréquentes et préjudiciables à l'avancement des travaux.

Les objets les plus difficiles à vaincre sont : 1°. Que la tête des pieux peut être cachée sous l'eau, huit, dix ou quinze pieds plus ou moins, au moyen d'un *chasse-pieux* qui les conduit, au refus du mouton, dans un terrain solide; 2°. Que cette scie, pour opérer sûrement, doit être si bien attachée à chaque pieu pendant sa manœuvre, qu'elle n'en puisse jamais être séparée par le mouvement du sciage; 3°. Qu'il faut avoir la facilité de faire engrener uniformément les dents de la scie, autant et si peu qu'on le jugera à propos, selon la dureté du bois ou le diamètre des pieux, et qu'il faut même la faire rétrograder après le recépage du pieu, ou lorsqu'elle rencontre des obstacles à son avancement; 4°. Qu'enfin, en cas d'accident, ou que la feuille de la scie vienne à casser, toute la machine puisse être relevée à l'effleurement de l'eau, avec facilité, pour y remédier par une scie d'échange préparée à cet effet.

Cette machine est composée d'un grand châssis de fer horizontal, côté A, qui doit porter la scie B. Ce châssis a huit pieds de longueur, et cinq pieds six pouces de largeur; son épaisseur est d'un pouce: il est composé de traverses qui supportent solidement ses diverses parties. Sur ces traverses sont quatre plaques de tôle aux endroits marquées o, o, qui facilitent son jeu. Ce châssis est soutenu de niveau à l'apontement supérieur, par quatre montans de fer C C, partie par des crics. Au milieu et en avant du châssis A, est une traverse de fer, qu'on peut nommer *pieu de garde* D, saillante d'un pouce au-delà des dents de la scie en son repos, et destinée à lui servir de défense à la rencontre des pieux qu'on voudra scier.

Dans le milieu de cette avance du châssis servant de pièce de garde, et à quatre pouces de distance l'un de l'autre, sont placés deux autres montans de fer E E, qui traversent dans ces canons de cuivre le plafond en entier, ainsi que l'assemblage supérieur de charpente indiquée par les lettres a a. Ces montans E E ont un collet avec une base qui porte sur le châssis A, près de la pièce de garde; et leur extré-

(3)

mité inférieure est carrée, pour recevoir par assemblage deux espèces de demi-cercles F F, ou grappins de dix pouces de longueur, fixés solidement à leurs bouts par des écrous. Le haut est ajusté également comme le bas, pour recevoir deux clefs de quatre pieds de longueur b b, qui, en faisant tourner les deux montans E E sur leur axe, facilitent d'ouvrir et fermer les grappins F, pour saisir le pieu G qu'on veut scier, avec une force proportionnée à la longueur des deux clefs du haut b b, que l'on serre par une vis de rappel pendant le sciage.

A douze pieds au-dessus du châssis A, fig. 1, 2, est un assemblage de charpente, fig. aa, sur lequel doit se faire la manœuvre de la scie, et auquel il est suspendu par quatre montans de fer C, qui ont jusqu'à dix-huit pieds de hauteur, portant chacun un petit cric F dans le haut, pour l'élever ou l'abaisser suivant le besoin; lesquels montans ont des dents dans leur longueur, qui sont divisées de manière que chacune peut relever ou baisser la scie d'une demi-ligne.

Ce châssis de charpente A, de la machine, est porté sur des cylindres C C, qui roulent sur un autre grand châssis 3, traversant toute la largeur de la pile d'un côté à l'autre du grand échafaud d'enceinte gg, lequel châssis 3 est soutenu lui-même sur des rouleaux C C, pour le faire avancer à mesure qu'on veut scier les pieux.

Manière dont on opère la Machine à recéper les pieux.

On doit distinguer dans cette machine, dit M. Patte, deux mouvemens principaux, indiqués par la lettre L, cotés au plan : le premier, que nous appelons *latéral*, est celui du sciage; le second, qui se porte en avant à mesure que le bois se coupe, et peut néanmoins revenir sur lui-même, est celui de *chasse* et de *rappel*.

Le mouvement latéral s'exécute par deux leviers de fer, cotés H H, un peu coudés sur leur longueur, soutenant, à l'une des deux extrémités I, un demi-cercle de fer recourbé K, auquel est adaptée, par retour d'équerre, la scie horizontale B, qui est fixée avec des vis pour pouvoir la changer. Les points d'appui de ce levier sont deux pivots *L L*, reliés par une double entre-toise, et distans l'un de l'autre de vingt pouces, lesquels ont leurs extrémités inférieures concentrées dans une rainure *M*, ou coulisse, qui facilite le mouvement de la chasse et de rappel, ainsi que nous l'expliquerons ci-après. Ils sont soutenus au-dessus du châssis de fer par une base *N*, fig. 2, de deux pouces de hauteur, et déchargés à leur extrémité par quatre rouleaux de cuivre o, o, o, o, portant sur autant de plaques.

Ces leviers H H sont mus dessus l'échafaud supérieur aa, par quatre hommes hh, appliqués à des bras de force I I, attachés à des leviers inclinés k, dont le bas est arrêté sur le châssis de fer A, et au milieu desquels est fixée la base du triangle équilatéral P, dont le sommet est aussi fixé au milieu d'une traverse horizontale Q.

Cette traverse Q, qui embrasse les extrémités des bras de leviers de la scie, s'embrasse dans une coulisse de fer R, entaillée dans le châssis A, où, portant sur des rouleaux, elle va et vient, et procure ainsi à la scie le mouvement latéral ponctué S S. Au moyen des ouvertures ovales T, pratiquées à l'autre extrémité desdits bras de leviers, qui leur permettent de s'allonger et de se raccourcir alternativement, suivant leur distance du centre de mouvement L, ces ouvertures ovales T embrassent des pivots V V, fixés sur le demi-cercle K K de la scie, et portent dans le haut, au milieu de plusieurs rondeurs de cuivre intermédiaires, les extrémités du second demi-cercle X, inhérent par des renvois Y, et des tourillons roulans Z, Z, Z, placés au milieu d'une grande coulisse *l*, *l*, qui reçoit le mouvement de chasse et de rappel.

Le second mouvement consiste dans l'effet d'un grand cric horizontal *m*, *m*, placé à-peu-près aux deux tiers du plateau dont les deux branches sont solidement attachées sur les coulisses M, M, dont il a été question plus haut : c'est par le moyen de deux branches de ce cric, qui s'engrènent dans deux roues dentelées *n* et *o*, que la scie B, lors de son mouvement latéral S, S, conserve son parallélisme avec la coulisse *l*, *l*; presse, par un mouvement lent et uniforme, le pieu G, à mesure qu'elle le scie, et le retient dans sa place par un mouvement contraire lorsqu'elle l'a scié. Tout le mouvement de ce cric *m*, *m*, s'opère de dessus l'échafaud supérieur, par un levier horizontal P, qui s'emboîte carrément dans l'extrémité d'un arbre *q*, *q*, placé au centre de la roue *o*, de communité du cric, qui est véritablement le *régulateur* de toute la machine. Pour empêcher le *maître-ouvrier qui tient le régulateur de se tromper*, il y a sur l'échafaud supérieur *a*, *a*, un cercle *w* semblable à celui qui parcourt le bout du *régulateur* pendant l'opération du sciage de chaque pièce. Le rapport entre le cric et le cercle est tel, qu'un tour entier de *régulateur* non-seulement correspond à un tour entier du cercle, mais encore est capable d'opérer le sciage d'un pieu de dix-huit pouces de grosseur, qui est la plus considérable qu'on ait coutume d'employer.

Nous avons oublié de dire que, lors du mouvement de la chasse et de rappel, le bout de la coulisse F, qui est soutenu par une petite saillie, se meut dans une rainure pratiquée le long du corps *t*, *t*, à l'aide d'un tourillon 3.

Relativement à la description de cette machine, il est aisé de concevoir comment on scie les pieux. La principale difficulté de sa manœuvre consiste à descendre à la même profondeur, sur les pieux, pour les couper bien de niveau l'un après l'autre. Le succès de cette opération dépend de la précision du nivellement de l'échafaud dont nous avons parlé ci-devant, attendu que la machine ne pouvant se raccourcir ni s'allonger par rapport aux montans C C, armés de petits crics *f*, *f*, qui l'assujettissent au plancher *a*, auquel elle est adaptée, elle suivra nécessairement dans le bas un plan parallèle à celui d'en-haut.

Ainsi donc, pour faire usage de cette scie, on prépare un échafaud mobile *aa*, destiné à porter la machine bien de niveau dans toute l'étendue de la pile. Cela posé, lorsqu'on veut scier le premier pieu, on descend le châssis de fer *A*, qui porte la scie *B*, à la profondeur que l'on juge convenable; on fait avancer l'échafaud mobile jusqu'à ce que la pièce de garde *D*, on le devant du châssis *A* rencontre le pieu en question; alors on saisit ce pieu par les grappins *FF*, à l'aide de deux bras *b*, *b*, au-dessus de l'échafaud, et on le serre par la vis de rappel; ensuite le maître-ouvrier prend la conduite du régulateur *q* du grand cric *m m*, et fait avancer la scie qui étoit retirée sous la pièce de garde; et enfin quatre ouvriers *h* la font jouer. Pendant toute cette opération, le maître-ouvrier gouverne le cric de manière à faire avancer la scie convenablement, afin que ses dents mordant à proportion, en parcourant le cercle *w* dans le tour, comme il a été dit ci-devant, puisse opérer le sciage entier d'un pieu : il juge, de dessus l'échafaud, de l'action de la scie; par l'endroit du cercle où il se trouve, il apprécie s'il est à moitié du sciage ou à la fin; et en conséquence il modère ou accélère le mouvement des ouvriers.

Lorsqu'un pieu est scié, on desserre les deux bras du grappin; puis le maître-ouvrier, par un mouvement de rappel, retire la scie sous la pièce de garde; et enfin on fait rouler la machine vers un autre pieu, pour opérer également son sciage.

Comme on s'est aperçu que le balancement du sciage faisoit vaciller les grappins autour des pieux, surtout lorsqu'on vouloit les recéper à une grande profondeur, pour y remédier, on fit des vanages composés de voliges ou planches légères, unies l'une à l'autre avec de grosses ficelles : ces vanages furent attachés à droite et à gauche de la machine, suivant sa longueur, dans toute la hauteur des montans *c*, *c*, avec des cordes &, &, et représentent leur disposition. Vouloit - on relever le châssis de fer ? on délioit à mesure les cordes des extrémités de ces voliges attachées aux dents des montans ; alors ces planches se reployoient successivement. Vouloit-on, au contraire, redescendre le châssis ? on rattachoit l'une après l'autre ces voliges au montant, jusqu'en haut : ce moyen a parfaitement réussi pour empêcher l'effet du balancement.

On a éprouvé au pont de Saumur que cette scie pouvoit scier vingt pieux de fondations en un jour, par rapport aux suggestions de niveau, et quarante d'enveloppe, qui n'exigent aucune suggestion pour le niveau : le sciage de chaque pieu s'opéroit ordinairement en *trois minutes ;* et la différence du niveau, du plus haut au plus bas des pieux sciés, n'a jamais été de *trois lignes :* elle manœuvroit avec une telle précision, qu'on a repris après coup des pilots coupés à quatre lignes trop haut ; et la scie enlevoit facilement cette cale de quatre lignes d'épaisseur.

Huit hommes suffisent pour tout le jeu de cette machine : quatre font le service des échafauds, et les quatre autres font, sans peine, mouvoir la scie, les pieux ayant depuis deux jusqu'à quinze pouces de diamètre. Les ouvriers faisoient communément un pouce de sciage par minute ; mais on a observé qu'en travaillant avec un peu de vitesse, ils doubloient sans peine le travail, et que la scission des pieux en étoit plus égale, plus belle, et moins sujette à se gauchir ; parce que, par ce mouvement lent, la moindre inégalité dans le bois, ou le plus petit dérangement dans les manœuvres, peuvent occasionner un faux engrènement qui ne sauroit être surmonté que par une vitesse uniforme.

Enfin, l'usage en France de cette même machine à peine connue, est resté presque en oubli depuis 1770, époque où elle avoit commencé à avoir un plein succès. Mais depuis 1800, le Gouvernement s'est continuellement occupé à veiller à sa perfection définitive, et en fait usage dans presque tous les travaux hydrauliques qu'il a fait commencer, et en partie exécuter dans les divers departemens de l'intérieur de la France, ainsi qu'il est ci-devant parlé, page 24 au *Pont des Arts* et autres.

DÉTAILS
ET DESCRIPTION
DU PONT DE LA CITÉ CONSTRUIT A PARIS,

Au moyen de la Scie mécanique, en 1802, et années suivantes.

Le Pont de la Cité remplace le ci-devant Pont Rouge (1). Il est maintenant construit sur la Seine, vis-à-vis l'église Notre-Dame, et la grande rue Saint-Louis,

---

(1) Qui existoit avant, au même endroit, environ 20 toises, ou 40 mètres au-delà du côté du mur, presque à l'alignement du quai Bourbon, et aboutissoit à celui de la rue d'Enfer, en la Cité, vis-à-vis la place de Grève, construit d'une manière tout uniforme, ne servant que pour les gens de pied, qui payoient chacun un liard. Ce pont fut construit, pour la première fois, en 1710 ; quelques années après, il fut emporté par les eaux, et fut rétabli en 1718, époque à laquelle fut accordé un droit de péage pour 15 ans, à son entrepreneur. En 1790, les officiers municipaux de la commune de Paris le firent démolir. Depuis, plusieurs plans et projets ont été présentés pour sa construction, et entr'autres un, par le sieur Migneron, qui a mérité l'attention de la commune de Paris.

(6)

en l'île , nommée, en 1789, *de la Fraternité.* Plus de cent *maisons* ont été démolies et supprimées , tant dans le cloître que le long de la rivière, du côté du nord , dans la *Cité* , dit le *port Saint-Landry* , vis-à-vis l'Hôtel-de-Ville, où on a formé , en 1809, d'une part , la place *Fénélon* , et de l'autre , le quai de la *Cité*, qui communique maintenant de l'île Saint-Louis au pont Notre-Dame , tant pour le service des voitures, que pour celui des gens de pied.

Ce nouveau pont a été construit suivant les plans et dessins de M. Ganthey , inspecteur général des ponts et chaussées. La conduite des travaux a été confiée à M. Duvivier, ingénieur ordinaire , sous la direction de M. Dumonstier, ingénieur en chef, le même qui a dirigé la construction des ponts de Louis XVI, dit *la Concorde*, à Paris, et de *Sainte-Maixence*, sur l'Oise, auquel M. Becquet de Beaupré a succédé, ayant en sous-ordre MM. Lescure et Delsaux, élèves du même corps. C'est le sieur Ginoux qui a été l'entrepreneur de la charpente, qui fit l'admiration du public, par son élégance et l'étendue des deux arches dont il est formé; M. Prévost, *idem*, de la maçonnerie. Depuis 1809, ce pont a entièrement fléchi, au point que le passage a été interdit, et le plancher refait, mais imparfaitement pour la solidité.

Explication pour renvois des lettres et chiffres.

A. indique le niveau des plus basses eaux , qu'on appelle *rivière marchande.*

B. Ouverture des arches et coupe du pont, ayant chacune 31 mètres (97 pieds), et 1 mètre 95 centimètres de flèches.

C. Culées et leurs murs au bout du pont, ainsi que la rampe des talus des vieux murs.

Ils sont assis sur des pieux formant pilotis. Ces murs sont de pierres de taille. On a fait des arrachemens dans les gros murs, indiqués par la lettre C, pour recevoir la queue des pierres destinées aux culées ; on a démoli en entier la partie du mur du quai qui se trouvoit vis-à-vis les deux bouts du pont ; et on a reconstruit ces mêmes parties à neuf, avec un empatement et épaisseur d'une force supérieure à celle qui existoit sur les anciens pilotis.

D. Vue de l'une des arches faites en bois de charpente et bandes de fer boulonnées, avant qu'elle eût été revue ou couverte de ses palplanches.

Cette vue présente la construction des bois et la force de leur assemblage , au moyen des boulons équerrés et plates-bandes, ainsi que la pose des ferremens, qui sont principalement à chaque montant, appuis et barres de traverse, semblables aux parties indiquées par les lettres K. J. I.

K. Principales pièces de bois de charpente.

Et toutes celles indiquées semblables sont revêtues de plates-bandes en fer, en dedans comme en dehors, depuis le haut jusqu'en bas, à travers desquelles passent des boulons, d'une extrémité à l'autre, de la largeur du pont, garnis de leurs écrous.

I. Pièces *idem*, et toutes celles semblables sont également revêtues de plates-bandes et tirans garnis de leurs écrous dans toute leur hauteur et largeur, sauf quelques différences et ferremens qui sont inférieurs à ceux ci-dessus.

E et F. Vue de l'autre arche du côté de la Cité, telle qu'on la voit maintenant en sa perfection, garnie de ses palplanches, dont les unes sont posées en forme de chevaux indiqués par E, et les autres horizontalement, qui sont indiqués par F, couverts en cuivre, pour conserver les bois du pont, de même qu'à la première.

G. indique le bureau du receveur du droit de passe.

H. indique la masse des pieux formant le pilotis sur lequel est construite la pile du milieu, en pierres de taille.

Les chiffres I et I indiquent le dessus du pont.

Idem 2 et 2 *Idem*, les trottoirs.

Idem 3 et 3 *Idem*, les avant-becs des piles.

Idem 4 et 4 *Idem*, le mur du parapet.

Idem, 5 et 5 *idem*, du quai de la Cité, nouvellement exécuté, et de celui de l'Archevêché, aussi utile qu'élégant, par la grille qui l'accompagne.

Idem 6 et 6 *Idem*, le plan par terre du bureau destiné pour le service du droit de passe.

Le chiffre 7, enfin, indique le talus du mur du quai, depuis le niveau ordinaire des eaux, jusqu'à la hauteur du sol.

Détails de la construction.

Le volume des pieux coté **H.** se trouve entouré d'un massif de pierres meulières qui en forment la solidité. Avant que de les employer, on a commencé à gratter avec des espèces de dragues à crochets le fond de la rivière ; et au moyen d'une autre drague à cuiller, on a retiré, de l'intérieur des pieux et au pourtour, autant de sable et gravier qu'on a pu en extraire, pour faire place aux matériaux destinés à leur être substitués, qu'on a jetés à pierres perdues, et dont la quantité est montée à près de deux cents tombereaux de pierres meulières, qui y ont été employées avec un mortier composé de la manière détaillée ci-après.

La première assise de cette pile se trouve au plus profond de la rivière, et est exposée à la rapidité du courant des eaux. La solidité en est assurée par la masse de pieux d'environ 8 mètres ou 24 pieds 7 pouces de longueur, et dont la plupart sont entrés dans le gravier jusqu'à 6 mètres, ou 18 pieds et demi.

Ces caissons étant finis, ils furent conduits à l'emplacement reconnu pour les piles du pont projeté, où on les fit échoir bien de niveau au-dessus du pilotis, en les chargeant de maçonnerie, c'est-à-dire, qu'on bâtit les piles en pierres de taille, dans ces mêmes caissons, jusqu'à la naissance des arches ; et quand le mortier eut acquis suffisamment de la consistance, on démonta les bords du caisson, qui se détachèrent facilement du fond, pour être employés à la construction d'un nouveau caisson pour d'autres piles, comme ayant été disposés à cet effet ; ce qui a produit un tiers d'économie des dépenses : par ce procédé, ladite pile se trouva bâtie sans batardeau ni épuisement.

Cependant des ingénieurs-architectes prétendent que cette méthode ne peut être pratiquée que sur des terrains fermes ; observant que le pont de Londres, sur la Tamise, bâti en ce genre, a fléchi au point que deux arches se sont écroulées, et qu'il a fallu les rétablir après coup.

Le mortier qui lie la maçonnerie du massif de ces mêmes ponts, est composé de deux tiers de chaux vive, recouverte de sable de rivière : la préparation s'est faite en arrosant le sable jusqu'à ce que la pierre de chaux fût entièrement dissoute. Alors on remua fortement et vivement les matières pour les employer sur-le-champ ; mais comme la profondeur de l'eau y mettoit un obstacle, étant obligé de descendre de 12 à 15 pieds au-dessous de la surface, l'ingénieur fit construire de grands caissons suspendus à une machine en forme de tour ; et après les avoir remplis de la matière préparée, on les descendoit avec un cordage jusqu'en bas, où étant parvenus, on les vidoit en tirant une ficelle attachée à un loquet à ressort ; le fond des caissons s'ouvroit, et la matière se trouvoit placée au fond de l'eau avec des pilons ; et quand le massif de mortier eut atteint la hauteur qu'on s'étoit proposée, on recépa les pieux sous l'eau avec une scie mécanique très-ingénieuse, dont il vient

d'être parlé. On a ensuite construit un châssis en grillage, garni de ses ferremens, monté sur chantier, qu'on lança à l'eau d'une seule pièce. On le chargea jusqu'à ce qu'il s'enfonçât sur la tête des pieux qui forment le pilotis, pour leur servir de couronnement. L'union de ce grillage avec les pieux rend inébranlable la fondation de la pile, et lui donne de la solidité.

1. On avait couvert le dessus des arches de lames de cuivre; mais avant de les poser, on l'a revêtu de morceaux de bois refouillés au dessous, selon l'épaisseur des tirans, et coupés en dessus, suivant le ceintre des arches. Cette précaution a été jugée nécessaire pour garantir le cuivre et le fer, et les empêcher de se détruire mutuellement.

La longueur du pont est de 70 mètres ou 36 toises; et sa plus grande largeur, de 10 mètres 22 centimètres, où 31 pieds 6 pouces.

Les principaux montans en bois du parapet sont revêtus en dedans comme en dehors, de plates-bandes en fer, semblables à celles indiquées par les lettres K. J. I.

Enfin on avoit d'abord commencé à faire un remplissage de graviers, sur la voûte dudit pont, qui fut aussitôt supprimé, vu la trop grande charge que cela auroit occasionné, au point que les ceintres en bois ont fléchi. Une nouvelle charpente fut établie sur le sol de dessus le susdit pont, qu'on a recouverte d'un plancher sur lequel on a fait la forme de sable pour recevoir le pavé et les bordures en pierres; des trottoirs couverts en dalles pour les gens de pied, et sous lesquels on a pratiqué une galerie servant à donner la facilité de circuler autour de chaque arche, pour examiner les objets qui auroient besoin de réparations. Un droit de péage a été accordé, pour indemnité, aux entrepreneurs, de 5 centimes, ou un sou par personne, 5 s. par carrosse à deux chevaux, 3 s. pour un cabriolet à un cheval, et même droit par charriot ou voiture ordinaire de roulier, pendant 25 ans; ainsi qu'aux ponts des Arts et du Jardin du Roi, que la même compagnie a fait construire.

OBSERVATION.

Une faute a été commise à la construction du pont de la Cité, dont il vient d'être parlé : cette faute est le manque d'attention dans l'assemblage des bois et des ferremens dont les voûtes ou ceintres des arches sont construits; ou la charge desdites voûtes paroît n'avoir pas été assez bien combinée en raison de leur étendue et de la force des bois, avec les ferremens nécessaires à leur portée : au point que ces mêmes voûtes ou ceintres, qui avaient déjà fléchi, comme il est dit plus haut, au moment de leur construction en 1802, ont enfin de nouveau fléchi en 1809; de manière qu'on a été obligé d'interdire le passage en entier aux voitures, et d'y faire de grands changemens imparfaits, pour servir seulement aux gens de pied, en attendant qu'on refasse à neuf entièrement lesdits ceintres sur un plan nouveau et mieux combiné pour sa solidité.

Une autre faute a été aussi commise à la construction d'un pont nouvellement établi sur la rivière d'Erdres, dans la ville de Nantes, en 1809, département de la Loire-Inférieure, en bâtissant sur de vieux pilotis, sans les avoir retouchés, c'est-à-dire, rebattus au mouton, et enfoncés au degré de solidité qu'exigeoit l'entreprise; au point que ce même pont de Nantes, à peine a-t-il été ceintré, qu'il a aussitôt fléchi, et les fondations d'un côté enfoncées de plus d'un mètre, ou trois pieds de profondeur; de manière que ce pont est entièrement défiguré, au point qu'il déshonore les arts, et offusque tous les passans qui ont la moindre connoissance. M. B. A. H. DEVERT.

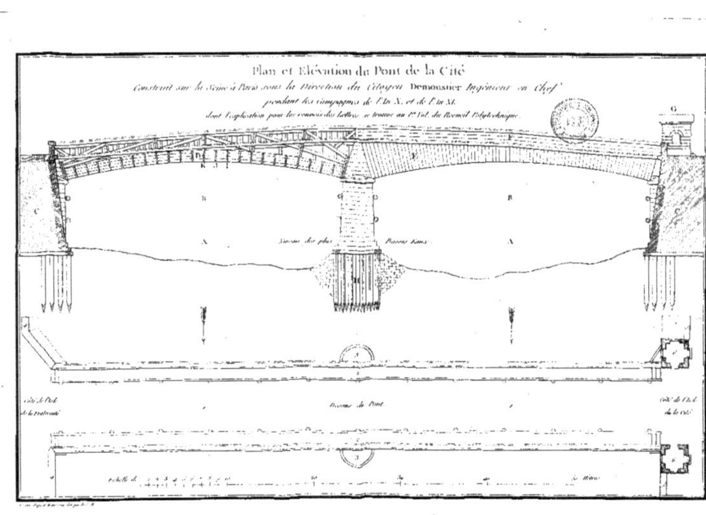

Plan et Elévation du Pont de la Cité
Construit sur la Seine à Paris sous la Direction du citoyen Demoustier Ingénieur en Chef
pendant les campagnes de l'an X, et de l'an XI.
dont l'explication pour les travaux des bateaux se trouve au 1.er Vol. du Recueil Polytechnique.

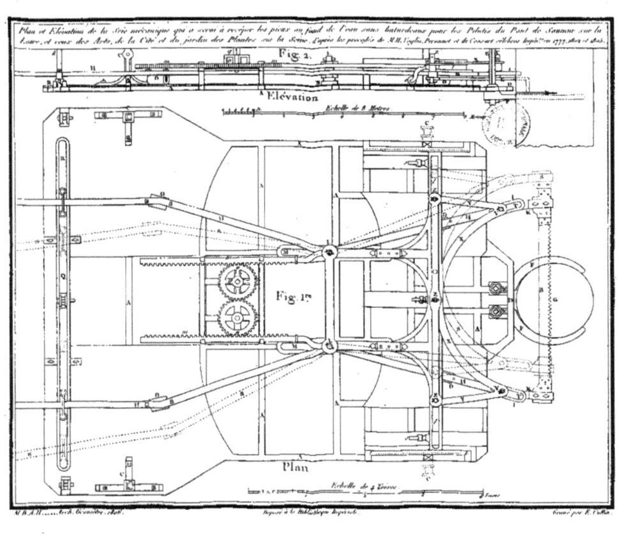

Plan et Élévation de la Scie mécanique qui a servi à recéper les pieux au fond de l'eau sans batardeaux pour les Piliers du Pont de Saumur sur la
Loire, et ceux des Arts, de la Cité et du jardin des Plantes sur la Seine, d'après les principes de MM. Vaglio, Pernaut et de Cessart célèbres depuis en 1777, 1802 et 1803.
Fig. 2.
Élévation
Échelle de 8 Mètres
Fig. 1re.
Plan
Échelle de 4 Toises
Arch. Ce.membre éleve.
Déposé à la Bibliothèque Impériale.
Gravé par E. Collin

TABLEAU MATHÉMATIQUE

DES DÉPARTEMENS DU TERRITOIRE FRANÇAIS;

Par M. B. A. G. O.

Suivis de ceux qui en ont été distraits en mil huit cent quatorze.

NUMÉROS D'ORDRE ET DÉPARTEMENS.	POPULATION.	HECTARES.	NOMS DE CHEFS-LIEUX avec le nombre DE LEURS HABITANS.	DISTANCES DE PARIS.	DISTANCES DE PARIS.	NOMS DE CHEFS-LIEUX avec le nombre DE LEURS HABITANS.	HECTARES.	POPULATION.	NUMÉROS D'ORDRE ET DÉPARTEMENS.
1. Ain	302,000	549,963	Bourg 7,000	116	30	Orléans 43,000	675,191	285,400	Loiret 44.
2. Aisne	439,242	779,183	Laon 7,000	32	165	Cahors 12,000	398,406	270,500	Lot 45.
3. Allier	261,785	742,272	Moulins 15,000	72	184	Agen 11,000	532,641	226,200	Lot-et-Garonne 46.
4. Alpes (bass.)	145,500	745,007	Dignes 3,300	190	140	Mende 5,500	509,543	143,500	Lozère 47.
5. Alpes (haut.)	123,684	553,569	Gap 8,600	168	70	Angers 33,000	718,807	404,500	Maine-et-Loire 48.
6. Ardèche	283,390	550,004	Privas 3,100	144	80	Saint-Lô 7,000	675,713	581,450	Manche 49.
7. Ardennes	268,250	525,281	Mézières 3,500	58	42	Châlons 12,000	820,273	311,125	Marne 50.
8. Arriège	222,960	529,540	Foix 3,500	180	62	Chaumont en Bas. 6,000	633,173	237,800	Marne (haut.) 51.
9. Aube	239,000	610,608	Troyes 30,000	38	70	Laval 15,000	518,803	232,200	Mayenne 52.
10. Aude	237,200	650,996	Carcassonne 15,300	200	84	Nancy 30,000	629,002	365,000	Meurthe 53.
11. Aveyron	324,654	882,171	Rhodez 6,000	174	63	Bar-sur-Ornain 9,800	604,439	284,856	Meuse 54.
12. B.-du-Rhône	299,800	601,960	Marseille 110,000	204	125	Vannes 10,000	681,704	602,868	Morbihan 55.
13. Calvados	502,800	570,427	Caen 25,000	66	78	Metz 41,000	647,922	376,400	Moselle 56.
14. Cantal	251,500	574,081	Aurillac 10,400	136	60	Nevers 12,000	686,619	241,120	Nièvre 57.
15. Charente	305,650	588,803	Angoulême 15,000	118	58	Lille 60,000	579,689	862,900	Nord 58.
16. Char.-Inf.	394,000	716,814	La Rochelle 18,000	124	18	Beauvais 13,000	581,424	383,600	Oise 59.
17. Cher	225,400	740,125	Bourges 18,000	58	47	Alençon 13,000	645,254	425,850	Orne 60.
18. Corrèze	253,800	594,717	Tulle 7,000	120	48	Arras 21,000	669,688	574,250	Pas-de-Calais 61.
19. Corse (Ile)	195,000	980,510	Ajaccio 7,000	280	96	Clermont 30,000	794,370	542,840	Puy-de-Dôme 62.
20. Côte-d'Or	352,500	876,956	Dijon 22,000	76	200	Pau 8,600	755,950	383,580	Pyrénées (bass.) 63.
21. Côt. du Nord	517,500	736,720	St.-Brieux 9,000	114	216	Tarbes 7,500	469,915	198,800	Pyrénées (haut.) 64.
22. Creuse	226,200	579,455	Guéret 3,400	112	230	Perpignan 12,000	411,376	126,766	Pyrénées Orient. 65.
23. Dordogne	424,150	898,274	Périgueux 76,000	120	120	Strasbourg 48,000	495,576	491,000	Rhin (bas.) 66.
24. Doubs	233,500	530,993	Besançon 30,000	100	122	Colmar 14,000	548,607	379,400	Rhin (haut.) 67.
25. Drôme	254,000	675,915	Valence 12,000	144	118	Lyon 105,000	779,492	344,160	Rhône 68.
26. Eure	421,200	623,283	Evreux 9,000	26	90	Vesoul 5,600	556,964	303,000	Saône (haut.) 69.
27. Eure-et-Loire	264,800	607,915	Chartres 15,000	20	101	Mâcon 11,000	857,078	466,555	Saône-et-Loire 70.
28. Finistère	452,900	693,384	Quimper 6,500	138	50	Mans (le) 18,000	636,276	410,400	Sarthe 71.
29. Gard	322,150	599,723	Nîmes 40,000	182	»	Paris 550,000	46,181	800,000	Seine 72.
30. Garon. (haut.)	367,600	642,533	Toulouse 52,000	180	32	Rouen 87,200	593,810	643,250	Seine-Inférieure 73.
31. Gers	286,500	651,908	Auch 8,000	195	11	Melun 6,700	595,980	344,725	Seine-et-Marne 74.
32. Gironde	514,650	1,082,532	Bordeaux 90,000	150	5	Versailles 28,000	515,642	431,452	Seine-et-Oise 75.
33. Hérault	301,100	630,935	Montpellier 34,000	192	107	Niort 16,000	585,273	254,750	Sèvres (deux) 76.
34. Ille-et-Vil.	508,300	681,977	Rennes 30,000	89	89	Amiens 40,000	604,458	495,255	Somme 77.
35. Indre	204,800	689,760	Châteauroux 8,000	65	170	Alby 11,000	566,891	292,256	Tarn 78.
36. Indre-et-Loi.	275,350	613,076	Tours 20,500	58	170	Montauban 25,000	324,565	262,456	Tarn-et-Garon. 79.
37. Isère	471,680	841,230	Grenoble 21,000	143	126	Darguignan 6,500	725,586	282,300	Var 80.
38. Jura	293,500	503,386	Lons-le-Saul. 7,000	105	180	Avignon 24,000	234,580	215,553	Vaucluse 81.
39. Landes	240,000	900,534	Mont-de-Marsan 4,000	180	115	Boc.-sur-Yon (la) 2,500	675,458	208,815	Vendée (1) 82.
40. Loir-et-Cher	213,500	603,116	Blois 14,800	44	86	Poitiers 21,000	689,083	253,150	Vienne 83.
41. Loire	315,858	480,041	Montbrison 8,000	120	97	Limoges 20,000	570,035	243,860	Vienne (haut.) 84.
42. Loire (haut.)	262,250	502,854	Puy 13,000	125	90	Epinal 8,000	587,955	334,225	Vosges 85.
43. Loire-Inf.	407,830	708,288	Nantes 76,000	95	42	Auxerre 12,000	729,223	329,424	Yonne 86.

TABLEAU des *Départemens qui ont été distraits de la France depuis* 1814, *rangé par ordre de numéros comme ci-dessus.*

N° et Département	Population	Hectares	Chef-lieu (hab.)	Dist. Paris	Dist. Paris	Chef-lieu (hab.)	Hectares	Population	N° et Département
87. Alpes marit.	130,234	322,674	Nice 18,473	193	170	Alexandrie 32,000	348,261	318,500	Marengo 109.
88. Appenins	254,668	416,000	Chiavari 8,000	247	247	Livourne 60,000	491,000	318,700	Méditerranée 110.
89. Arno	584,475	807,475	Florence 80,000	312	89	Maestricht 19,000	398,633	267,200	Meuse-Inf. 111.
90. B.-de-l'Elbe	375,976	735,247	Hambourg 107,000	223	113	Chambéry 13,000	640,427	300,200	Mont-Blanc 112.
91. B.-de-l'Escaut	76,820	63,000	Middelbourg 13,000	95	251	Savonne 12,000	303,798	290,000	Montenotte 113.
92. B.-de-la-Meu.	309,234	206,230	La Haye 38,000	108	109	Mayence 24,000	458,400	439,000	Mont-Tonner 114.
93. B.-du-Rhin	257,580	481,448	Bois-le-Duc 13,700	120	71	Anvers 62,000	415,380	367,000	Néthes (deux) 115.
94. B.-du-Weser	327,178	1,029,096	Brême 37,725	194	356	Sienne 32,000	774,897	151,000	Ombrone 116.
95. B.-de-l'Ysel	145,000	340,000	Zwolle 13,500	149	82	Liège 50,000	435,754	352,000	Ourthe 117.
96. Doire	238,000	250,853	Ivrée 8,000	164	152	Turin 66,000	414,526	400,000	Pô 118.
97. Dyle	431,000	342,848	Bruxelles 75,000	60	119	Coblentz 10,000	588,419	250,000	Rhin-et-Mosel. 119.
98. Ems Occident.	191,100	519,563	Groningue 27,000	168	91	Aix-la-Chapelle 26,000	700,000	621,000	Roër 120.
99. Ems Oriental	128,200	322,364	Aurich 2,700	192	382	Rome 160,000	1,300,000	549,000	Rome 121.
100. Ems Supérieur	442,050	1,019,096	Osnabrock 9,000	268	88	Namur 16,000	457,922	181,000	Sam.-et-Meu. 122.
101. Escant	636,438	367,000	Gand 58,000	65	105	Trèves 10,000	493,513	300,000	Sarre 123.
102. Forêts	246,333	691,035	Luxembourg 9,500	73	232	Verceil 14,000	335,000	203,000	Sesia 124.
103. Frise	175,400	279,835	Leuwarden 16,000	168	160	Sion 7,000	500,000	64,000	Simplon 125.
104. Gênes	400,056	237,600	Gênes 75,000	165	216	Coni 16,500	857,216	432,000	Stura 126.
105. Jemmappes	376,658	472,366	Mons 20,000	63	316	Parme 30,000	502,336	376,000	Taro 127.
106. Léman	210,478	280,000	Genève 23,000	102	360	Spoleto 7,500	800,000	300,000	Trasimène 128.
107. Lippe	339,355	614,548	Munster 14,000	156	130	Arnheim 10,000	561,081	193,000	Ysel-Supér. 129.
108. Lys	491,143	366,911	Bruges 35,000	76	122	Amsterdam 213,000	950,100	506,000	Zaderzée 130.

(1) La Roche-sur-Yon, cité sur ce Tableau, au numéro d'ordre 82, n'était qu'un bourg de 5 à 600 habitans, qui fut presque détruit par les guerres civiles qui ont eu lieu dans cette contrée de la France, depuis 1791 jusqu'en 1800. Depuis 1802, cet endroit a été chef-lieu du Département, en place de *Fontenay-le-Comte*, comme étant plus au centre de son territoire, et nommé, en 1804, *Napoléon*, et en 1814, *Bourbon-Vendée*. Plus de 100 millions ont été employé à d'immenses constructions et travaux publics, tendent à former de cet endroit une ville de 20,000 habitans; enfin, pareils travaux ont été fait à *Pontivy*, Département du Morbihan, nommé, en 1806, *Napoléon-Ville*, et que beaucoup de personnes confondent pour *Bourbon-Vendée*.

Nota. Les formalités voulues par la loi ayant été remplies, tout exemplaire qui ne sera pas revêtu du paraphe de l'Éditeur, sera considéré comme contrefaçon.

De l'Imprimerie de DARNAULT-MAUBANT. Orléans, 1819.

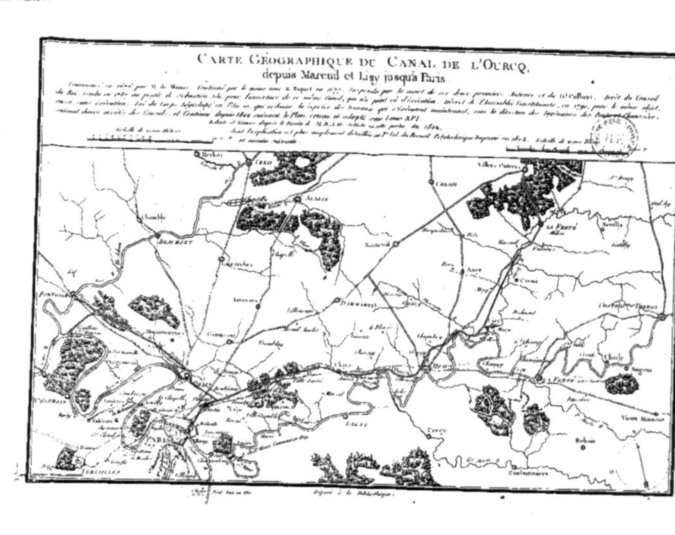

CARTE GÉOGRAPHIQUE DU CANAL DE L'OURCQ,
depuis Mareuil et Lisy jusqu'à Paris.

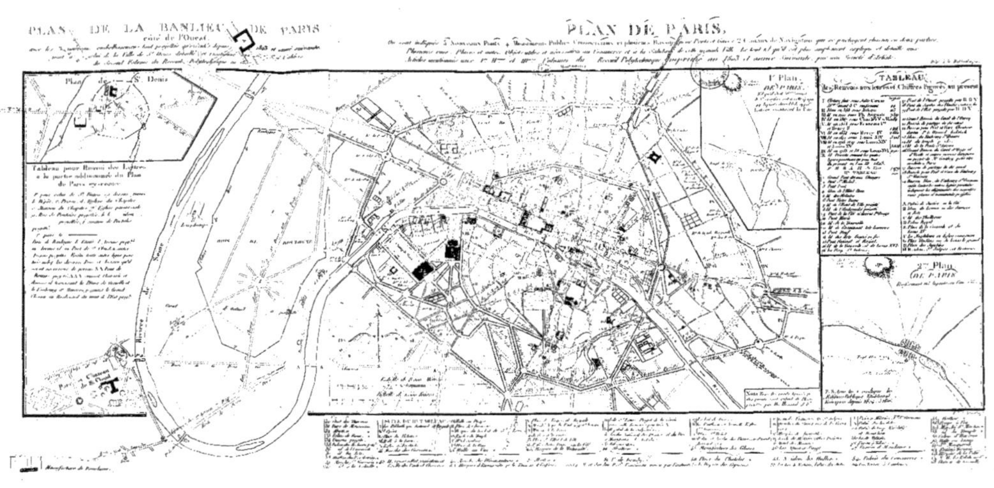

PLAN DE LA BANLIEUE DE PARIS
côté de l'Ouest
Plan de S.t Denis
PLAN DE PARIS,
1.er Plan DE PARIS
2.me Plan DE PARIS
TABLEAU des Renvois aux leurs et Chiffres figurés en travers

NOTE PARTICULIÈRE

Sur divers articles des Embellissemens de Paris ,

La formation de plusieurs Routes , Ponts et Chaussées , Canaux de navigation , desséchement des Marais ; la replantation des Bois et Forêts , et rendre propices à l'Agriculture les Terrains les plus stériles.

En 1789 les Etats-Généraux ayant été convoqués à Versailles , bientôt , les années suivantes 1790 et 1791 , un grand nombre de riches et puissans habitans de la Capitale émigrèrent. Ils renvoyèrent de leur maison tous leur gens , domestiques , jusqu'aux ouvriers qu'ils occupaient habituellement à l'entretien de leurs habitations , chateaux , parcs et jardins de plaisances des environs de Paris et autres lieux , dans l'étendue de ce vaste Empire.

Ces circonstances procurèrent un si grand nombre d'individus de tous états et professions sans occupations , ni moyens d'existence , que l'on en compta à Paris plus de quarante-cinq mille qui furent réunis à ces mêmes époques en ateliers de charité , a qui l'on donna à la vérité vingt sols ou un franc par jour à ne rien faire.

L'Auteur ayant été appelé pour organiser une partie de ces ateliers , fut si frappé du désordre qui régnait dans l'administration de ces quarante-cinq mille individus , rangés par attroupement , sans aucun ordre , tout autour de Paris et principalement à Montmartre , occupés à différens jeux , d'autres qui grimpaient dans les jardins des divers particuliers , ravageant les fruits et légumes sans qu'aucun chef ni personne s'y opposât. Toutes ces circonstances obligèrent donc le même Auteur a témoigner son étonnement à la haute Administration , pour remédier à un pareil désordre , qui ne tend qu'à avoir des suites funestes et malheureuses pour la chose publique , observant qu'il serait bien plus avantageux à l'Etat , et aux ouvriers mêmes , de mettre ces quarante-cinq mille individus à travailler à leur tâche à des travaux d'une utilité reconnue pour la société. Il propose à cet effet au comité d'Agriculture , de l'Assemblée Constituante , un projet de décret pour qu'il soit de suite établi , dans chaque département , des travaux publics du genre de ceux ci-devant cités , pour occuper tous les hommes oisifs et sans moyens d'existence , afin de ramener l'ordre de la tranquillité publique qui était , à cette époque , menacée , en renvoyant tous ceux de Paris sans domicile connus , chacun dans leur département natal.

Le décret fut prononcé et motivé d'après le rapport de M. de la Rochefoucault , député des Etats-Généraux et membre du comité d'*Agriculture* de l'Assemblée constituante , qui a été victimé.

A ces mêmes époques , l'auteur de ce décret manqua d'être victime de son zèle pour la chose publique. Plusieurs de ces individus , sans doute provoqués par quelques agens particuliers , le traitèrent d'aristocrate , disant qu'il était payé par les ennemis de la Patrie , pour empêcher qu'on leur donnât des secours pour subsister. Ils le menacèrent de la *Lanterne* et fut obligé de se retirer promptement. Mais quelques mois après l'ordre ayant enfin été rétabli parmi tous ces ouvriers , il devint leur ami , pénétré de la vérité qu'il avait contribué d'améliorer leur sort , en leur procurant du travail qui leur assura une honnête existence.

Le décret ayant eu son exécution il s'occupa à concevoir divers plans et projets de différens travaux d'utilité publique , pour occuper tous les ouvriers de ce genre dans les divers départemens et de la manière dont il va être ci-après désigné , qu'il soumit , à ces mêmes époques , au *Point central des Arts et Métiers* suivant l'extrait des registres des procès-verbaux dont la teneur suit , et parmi lesquels on distingue le canal d'Eure et Loir , anciennement projeté , et pour l'exécution duquel M. *Joubert de Villeneuve* obtint des lettres-patentes en 1737 : deux points de partage ont été indiqués pour ce canal ; l'un dans la plaine de St.-Germain-le-Gaillard , et l'autre de St.-d'Arville. Diverses personnes se sont occupées de ce projet.

EXTRAIT

Des Registres des Procès-Verbaux de l'assemblée du POINT CENTRAL des ARTS ET MÉTIERS, le 28 juin 1791, à Paris.

LA séance a été ouverte par la discussion du projet présenté par le cit. *Hoüard* (*) qui avait été lu à la précédente séance, sur la nécessité d'occuper les hommes oisifs et ceux des Ateliers de Charité à des travaux utiles à l'Etat et à eux-mêmes, en les payant à raison de leur travail et du prix des vivres où seraient situés les travaux, dans lequel il démontre les abus de l'Administration qui a fait perdre la vertu et le talent à plus de trente mille hommes, et qui les a réduits à la paresse et à la mendicité, en invitant tous les Départemens qui ont des Bois à replanter, des terres à défricher et Canaux à réparer et à ouvrir, d'employer préférablement les fonds qui leur sont destinés à occuper les ouvriers qui n'ont point d'occupation, en les encourageant à de nouvelles constructions et habitations dans les Landes et Marais qui déshonorent leur contrée, et il observe en même temps qu'il serait très-avantageux pour le Commerce général, 1°. à Paris, de rendre le bras de l'Isle Louviers navigable ; 2o. de faire les réparations des Ports, et paver les parties nécessaires ainsi que plusieurs nouvelles rues ; 3°. continuer la démolition pour la formation de nouveaux Quais ; 4°. celle des maisons sur le Pont St. Michel, tel qu'il a été décidé en 1785 ; 5°. la finition, réparations nécessaires des bâtimens des Eglises suivant la nouvelle division des paroisses de Paris, comme la Madeleine, St. Jacques, etc., etc. ; 6°. l'ouverture d'un Canal de St. Maur à Gravelle par Charenton qui ne serait que d'un trajet de sept cent quatre-vingt toises de long, ce qui racourcirait la navigation de plus de quatre lieues, et les bateaux de Marchandises ne seraient plus exposés à périr comme il arrive tous les ans par des rochers qui se trouvent au fond de l'eau ; 7°. l'établissement de plusieurs maisons de Communauté réformées pour y disperser les malades de l'Hôtel-Dieu, afin que d'après l'on puisse démolir le petit Pont qui deviendrait par ce moyen inutile, et de faire les travaux nécessaires pour rendre ce côté de rivière navigable et réunir les trois Isles ensemble ; 8°. la construction du Pont désiré en face des nouveaux Boulevards ; 9°. faire la route de l'École Militaire à la Verrerie de Sèvres par la plaine de Grenelle ; 10o. sur l'emplacement de la Bastille, faire une Place publique. Il propose de plus de finir la route de Soissons à Beauvais, par Compiègne et Clermont, celle de Vendôme à Tours, celle de Chartres à Dreux ; 11o. faire réunir le Loir avec l'Eure pour établir une navigation de Rouen à Nantes, par Louviers, Vernon, Chérizy, près Dreux, Nogent-le-Roi, Maintenon, Chartres, Bonneval, Châteaudun, Vendôme, Montoire, le Lude, la Flèche, Durtale et Angers : le Canal se partagerait en deux branches à Ivry, ou Passy-sur-Eure pour se rendre d'un côté dans la Seine à l'Embouchure de la rivière d'Epe, près le port de Villiers, pour se continuer par Gisors, Gournay, Neufchâtel, et se rendre dans la mer, à l'embouchure de l'Argue près de Dieppe, ce qui augmenterait le revenu de ces Provinces ; enfin il observe que si l'on eût employé les trente mille ouvriers des Ateliers de Charité des environs de Paris depuis deux ans, sous une organisation avantageuse à eux-mêmes par leur travail, cela aurait suffi pour mettre une partie de ces travaux en exécution, ce qui rapporterait actuellement des bénéfices immences à la Nation, et aurait conservé l'habitude du travail à soixante-mille bras qui sont en partie réduits à la paresse et à la mendicité.

L'Assemblée a terminé sa discussion sur cet objet, par la nomination du sieur *Bonneville*, à l'effet de rédiger une adresse pour être présentée à l'Assemblée Nationale, tendante à l'inviter d'aviser aux moyens nécessaires de mettre les divers travaux proposés en exécution.

Signé, HUYOT, Président ; Le Reynier, Secrétaire-général ; Décuv, Secrétaire-Adjoint ; Mercier, Secrétaire-Greffier.

Délivré, pour copie conforme, au sieur Hoüard, au Palais National des Sciences, Arts et Métiers. A Paris, le 20 Fructidor an 9 de la République Française.

Signés, Chevallier, président par intérim ; Sallé, secrétaire-général ; Normand, secrétaire-archiviste.

(*) Architecte-entrepreneur des Travaux publics et particuliers.

www.ingramcontent.com/pod-product-compliance
Ingram Content Group UK Ltd.
Pitfield, Milton Keynes, MK11 3LW, UK
UKHW020949140726
13695UKWH00003B/1310